Ilgauds · Norbert Wiener

Abb. 1. Norbert Wiener (26. 11. 1894–18. 3. 1964)

Biographien
hervorragender Naturwissenschaftler,
Techniker und Mediziner Band 45

Norbert Wiener

Hans Joachim Ilgauds, Leipzig

Mit 6 Abbildungen

2., durchgesehene Auflage

LEIPZIG

BSB B. G. Teubner Verlagsgesellschaft · 1984

Herausgegeben von
D. Goetz (Potsdam), I. Jahn (Berlin), E. Wächtler (Freiberg),
H. Wußing (Leipzig)
Verantwortlicher Herausgeber: H. Wußing

ISBN-13: 978-3-322-00553-3 e-ISBN-13: 978-3-322-82217-8
DOI: 10.1007/978-3-322-82217-8

2. Auflage
VLN 249-375/27/84 · LSV 1008
Lektor: Hella Müller

Gesamtherstellung: Elbe-Druckerei Wittenberg IV-28-1-453
Bestell-Nr. 665 983 9

00480

VORWORT

Nur wenigen Mathematikern ist es im 20. Jahrhundert gelungen, größere Kreise der Öffentlichkeit für ihre Arbeiten zu interessieren. Eine Ausnahme bildete das Werk des amerikanischen Mathematikers *Norbert Wiener*, dessen Name mit seinem Buch »Cybernetics or control and communication in the animal and the machine" weltweit bekannt wurde. Weniger zur Kenntnis genommen wurde, daß *Wiener* schon vor dem Erscheinen seines berühmten Werkes im Jahre 1948 als einer der bedeutendsten Mathematiker unseres Jahrhunderts galt. Auch haben uns seine späten Arbeiten, die sich vom humanistischen Standpunkt aus mit den Folgen wissenschaftlicher Untersuchungen auseinandersetzten, noch viel zu sagen.

Leipzig, im August 1979 *Hans Joachim Ilgauds*

INHALT

1. KINDHEIT UND AUSBILDUNG

Norbert Wiener wurde am 26. November 1894 in Columbia (Missouri) geboren. Seine Mutter, *Bertha Wiener,* geborene *Kahn,* war die Tochter eines Warenhausbesitzers in St. Joseph im USA-Staat Missouri. Die Familie der Mutter stammte aus dem Rheinland und hieß in ihrer deutschen Heimat *Kohn.*

Der Vater, *Leo Wiener,* war eine außergewöhnliche Persönlichkeit. Er wurde am 27. Juli 1862 in Białystok, damals zu Rußland gehörig, als Sohn eines Journalisten einer jiddischen Zeitung geboren. Er besuchte kurzzeitig die Universität in Warschau und ging dann zum Studium nach Berlin. Er studierte am dortigen Polytechnikum. In Berlin hörte *Leo* eines Tages auf einer Studentenversammlung humanitär-phantastische Reden. Sein Drang zu utopischen Projekten wurde angestachelt, und *Leo Wiener* beschloß, nach Amerika auszuwandern, um eine vegetarisch-humanitär-sozialistische Gemeinschaft zu gründen. Der in Berlin angeheuerte Kamerad sprang noch in der deutschen Hauptstadt ab, und *Leo Wiener* landete 1880 allein in New Orleans. Er schlug sich in der Zeit als Arbeiter in einer Baumwollfabrik, als Landarbeiter, als Hausierer und als Sprachlehrer durch. *Leo Wiener* war außerordentlich sprachbegabt, gegen Ende seines Lebens beherrschte er vierzig Sprachen, und diese Begabung fiel schon in der ersten Zeit in seiner neuen Heimat auf. Er verständigte sich mit den Amerikanern zu deren Erstaunen im klassischen alten Englisch *Shakespeares,* das er sich beim Lesen der Werke des großen Dramatikers „nebenbei" angeeignet hatte. Diese Sprachbegabung brachte *Leo Wiener* nach einigen Jahren eine Professur an der Universität von Kansas, dann an der Universität von Missouri in Columbia, ein. Eine solche Bilderbuchkarriere vom Arbeiter in einer Baumwollfabrik zum Professor für europäische Sprachen war in den aufstrebenden Vereinigten Staaten noch möglich.

Um das Jahr 1890 begannen sich in den USA neue wirtschaftliche und politische Tendenzen durchzusetzen. Das Zeitalter des Kapitalismus der freien Konkurrenz war endgültig vorbei. Im Jahre 1889 hatte der Republikaner *Benjamin Harrison* als dreiundzwanzigster Präsident der Vereinigten Staaten sein Amt angetreten. In seine Amtszeit fielen drei grundlegende Entwicklungen der amerikanischen Politik. Erstens erfolgte eine Erhöhung der Zolltarife. Die amerikanischen Kapitalisten wurden so vor der ausländischen Konkurrenz geschützt, und es ergab sich die Möglichkeit der Erzielung von Monopolpreisen für die großen Konzerne auf dem amerikanischen Binnenmarkt. Die Folge der Erhöhung der Zolltarife war eine allgemeine Preissteigerung in den Vereinigten Staaten. Zweitens war für *Harrisons* Amtsperiode die Ruinierung der kleinen Farmer charakteristisch. Die Landwirtschaft wurde den Gesetzen des Großkapitals unterworfen. Drittens wurde die Arbeitsintensität in den Fabriken und in den landwirtschaftlichen Betrieben stark erhöht. Es war die Zeit, die *Friedrich Engels* in einem Brief vom 31. Dezember 1892 an *Adolph Sorge*, eine der führenden Persönlichkeiten der noch jungen amerikanischen Arbeiterbewegung, so kennzeichnete:

Im übrigen haben die Amerikaner der europäischen Welt seit längerer Zeit den Beweis geliefert, daß die bürgerliche Republik die Republik der kapitalistischen Geschäftsleute ist, wo die Politik nur Handelsgeschäft wie jedes andere (ist). [36, S. 563]

Das Amerika um 1890 war nicht mehr das Land der utopischen Vorstellungen *Leo Wieners*. Die Vereinigten Staaten waren in die Phase des Imperialismus eingetreten. In dieser Zeit, da die amerikanische Gesellschaft die Ideale der bürgerlichen Revolution aufgab, wuchs *Norbert Wiener* auf. Er nahm eine außerordentlich schnelle geistige Entwicklung. Im vierten Lebensjahr konnte er bereits lesen. Ihn verwirrten aber die Ähnlichkeiten von langem s und f. Schwierigkeiten gab es beim Schreiben und auch beim Rechnen. Erstaunlicherweise verstand er gerade so „selbstverständliche" Dinge wie das Axiom a mal b gleich b mal a nicht. Es war für den kleinen *Norbert* also durchaus nicht einsichtig, daß $3 \cdot 4 = 4 \cdot 3$ sein soll. Dagegen zeigte der Junge hervorragende Gedächtnisleistungen.

Nach wenigen Jahren verlor *Leo Wiener* seine Stellung an der Columbia-Universität, wie er später meinte, durch „politischen Ämterschacher". Er begab sich nach Boston. In der Stadt des traditionsbewußten „vornehmen" Amerika erhielt *Leo Wiener* an der Harvard-Universität eine Dozentur für slawische Sprachen. Diese Dozentur für Slawistik war die erste ihrer Art auf dem amerikanischen Kontinent. Die Dozentenstelle wurde später über eine außerordentliche Professur in eine ordentliche Professur umgewandelt. *Leo Wiener* gehörte zu den Gelehrten, die den Weltruf der Harvard-Universität begründeten.

Nachdem *Norbert Wiener* erste geistige Fähigkeiten erkennen ließ, übernahm der Vater fast völlig die Erziehung des Knaben. Der Einfluß der Mutter auf den kleinen *Norbert* ging noch weiter zurück. Mit einer Ausnahme: *Bertha Wiener* hatte es nicht gern, an ihre jüdische Herkunft erinnert zu werden. Sie wurde im Laufe der Jahre, um nicht jüdischer Abstammung verdächtigt zu werden, zu einer fanatischen „Amerikanerin". Sie nutzte jede Gelegenheit, um ihre Verachtung für Juden, Neger – überhaupt für alles »Nichtamerikanische" – auszudrücken. Die antisemitische Haltung der Mutter brachte den jungen *Norbert* in eine schwierige Lage:

> ... ich schwankte zwischen einer Phase feiger Selbsterniedrigung und einer Phase feiger Anmaßung, in der ich noch antisemitischer war als meine Mutter. Es dauerte viele Jahre, bis ich ein vernünftiges Maß an Selbstvertrauen wiedergewann. [1, S. 21]

Leo Wiener hatte zwar die Erziehung seines Sohnes übernommen, aber mit welchen Methoden! Der Vater verhielt sich nur zu oft außergewöhnlich unpädagogisch und versuchte, mit Gewalt seinem Sohn Wissen zu vermitteln. Seine Erziehungsversuche an *Norbert* endeten nicht selten mit einem allgemeinen Familienkrach. Der Sohn weinte, der Vater tobte, die Mutter versuchte zu vermitteln.
Seit dem siebenten Lebensjahr las *Norbert Wiener* fleißig. Seine Lektüre reichte von Werken *Charles Darwins* bis zu Reisebeschreibungen von Naturforschern und bis zu psychologischen Werken. In der Einleitung zu *Wieners* Doktorarbeit hieß es später:

> Ich bekam das erste ernsthafte Interesse an Philosophie, als ich ein Kind von 9 oder 10 Jahren war. Ich las *Haeckels* „Welträtsel", noch davor hatte ich einige kurze Essays von wissenschaftlichem Charakter von *Spencer*, *Huxley* etc. und *Darwins* „Die Abstammung des Menschen" und „Die Entstehung der Arten" gelesen. Von *Haeckels* Position aus gelangte ich erst zum Skeptizismus, dann zu einer Art Agnostizismus. [2, S. 106]

Leo Wiener arbeitete sehr viel und verlangte von sich und anderen großen wissenschaftlichen Eifer und Ernst. Die Stellung eines Harvard-Professors war zwar sehr ehrenvoll, aber finanziell wenig einträglich. *Leo Wiener* sah sich deshalb gezwungen, Nebenarbeiten zu übernehmen. Eine solche „Nebenbeschäftigung" war die Übersetzung der Gesammelten Werke von *Lew Tolstoi*. Die gigantische Arbeit bewältigte er in nur zwei Jahren, 1904 bis 1905. Die Übersetzung der vierundzwanzig Bände, für die er das bescheidene Honorar von zehntausend Dollar erhielt, brachte ihn an den Rand des physischen und psychischen Zusammenbruchs. Daneben veröffentlichte er eine große Anzahl philosophischer Arbeiten in Zeitschriften der USA, Englands und Deutschlands. Sein wissenschaftliches Hauptarbeitsgebiet war die jiddische Sprache und Literatur. Sein wichtigstes Werk auf literaturwissenschaftlichem Gebiet war „Die Geschichte der Literatur im Anfang des 19. Jahrhunderts" (New York, 1899). Er förderte den Dichter *Morris Rosenfeld*, sammelte Ethymologien, verfaßte Kommentare zu deutschen Gesetzen, Schriften zu mittelalterlichen Dokumenten und zur mittelamerikanischen Kulturgeschichte.

Der außerordentliche Arbeitseifer, seine eigene ungewöhnliche Laufbahn und der daraus resultierende Stolz eines „Selfmademan" veranlaßten *Leo Wiener*, auch weiterhin in der Erziehung seines Sohnes eigenartige Wege zu beschreiten. Die seltene Begabung *Norberts* hatte er früh erkannt. Er schickte *Norbert* im Alter von sieben Jahren für einige Zeit gleich in die dritte und wenig später in die vierte Klasse einer allgemeinbildenden Schule. *Norberts* Fähigkeiten gingen jedoch weit über seine Fertigkeiten hinaus, und der Vater übernahm zeitweilig wiederum die Ausbildung seines Sohnes. Der neunjährige Knabe wurde nach diesem Zwischenspiel nicht wieder in eine Elementarschule gebracht, sondern sofort auf die High School in Ayer bei Harvard. Die Familie wohnte zu dieser Zeit schon auf der Old Mill Farm in dem Städtchen Harvard. *Leo Wiener* hatte die Farm im Jahre 1903 erworben. Die Mitschüler *Norbert Wieners* in Ayer waren etwa sieben Jahre älter als er und betrachteten ihn ohne Spott als eine Kuriosität.

Bei den Abschlußbällen zum Ende der Schulzeit war ich ein Außenseiter unter meinen Klassenkameraden, die damals siebzehn und achtzehn Jahre alt waren, selbst als ich dem Namen nach der Gastgeber war. Ich kauerte unter dem Schreibtisch und sah zu, wie sie tanzten. Es war ein Ritual, an dem ich keinen Anteil hatte. [1, S. 17]

Nachdem *Norbert* die Schule verlassen hatte, wurde vom Vater festgelegt, daß er das kleine, aber einen sehr guten wissenschaftlichen Ruf genießende Tufts College bei Harvard besuchen sollte. In diesem College belegte *Norbert* zuerst den Kursus in Philosophie.

Unter anderen Büchern lasen wir *Höffdings* „Probleme der Philosophie". Zur gleichen Zeit las ich *James'* „Pragmatismus". [2, S. 106]

Wiener wurde zu eigenen logischen Untersuchungen angeregt.

In meinem Unternehmen wenig Erfolg findend, neigte ich wieder zum Agnostizismus, und mein Hauptinteresse wandte ich den Naturwissenschaften zu. [2, S. 106]

Wiener belegte Kurse in Psychologie und Biologie und legte 1909 das Abschlußexamen im Fach Mathematik ab. Die Collegezeit war für *Norbert Wiener* nicht problemlos. Die Hauptschuld hieran trug der exzentrische Vater, der den Ruf seines Sohnes als Wunderkind verbreitete und diese Tatsache als das Ergebnis seiner Erziehung darstellte. Die Beschäftigung mit Mathematik am College hatte *Wiener* aber erstmals auch das Gefühl der Unabhängigkeit vom Vater gegeben. Der Vater konnte tieferen mathematischen Gedankengängen nicht folgen.
Zur Bildung der Persönlichkeit *Norbert Wieners* trug wesentlich die weltoffene Atmosphäre bei, die im Hause *Wiener* herrschte. Unter den Gästen seines Vaters machte er u. a. die Bekanntschaft von *Thomas Masaryk*, dem späteren tschechischen Staatspräsidenten, und von vielen Menschen aus osteuropäischen Ländern. Er lernte, sich in vielen Sprachen zu verständigen, und stellte fest, daß er die Sprachbegabung des Vaters geerbt hatte. *Norbert Wiener* lernte noch im fortgeschrittenen Alter ohne Mühe sogar Chinesisch.
Im Jahre 1909 kam *Norbert* an die Harvard-Universität in Cambridge (Massachusetts), um Biologie zu studieren. Das Studium verlief für ihn nicht erfolgreich, vor allem wegen seines großen Ungeschicks beim Präparieren und bei anderen praktischen Tätigkeiten. Der Vater traf wieder eine Entscheidung, der Sohn sollte nun schnell ein Philosoph werden. Deshalb wurde jetzt ein Philosophiestudium an der Cornell-Universität in Ithaca organisiert. Das akademische Jahr blieb *Norbert* an der neuen Universität. Der Wechsel war nicht glücklich. *Wiener* hatte extreme Anpassungsschwierigkeiten, hervorgerufen durch den „Makel“ seines Judentums und durch seine besondere soziale Unreife. Er konnte anscheinend nicht außerhalb der Familiengemeinschaft leben. Eine Folge seiner eingebildeten und auch tatsächlichen Unfähigkeit, in einer neuen Umgebung Fuß zu fassen, waren durchschnittliche Leistungen. Nach dem Studium an der Cornell-Universität „waren meine philosophischen Ansichten ... in einem völlig chaotischen Zustand ...“ [2, S. 106].

schätzte *Wiener* später den Erfolg des Studiums ein. Nur nicht auffallen, war daher die Devise. *Wiener* hat selbst später dem Elternhaus die Schuld für seine Schwierigkeiten gegeben. Tatsächlich hatten auch seine Schwestern *Bertha* und *Constance* und sein jüngerer Bruder *Fritz* ähnliche Probleme, ihren Platz im Leben zu finden. Besonders bemängelte *Norbert Wiener*, daß ihn die Eltern zur vegetarischen Lebensweise angehalten hatten. Seine Außenseiterrolle wurde dadurch noch verstärkt.

Nach dem Mißerfolg des Studiums an der Cornell-Universität arrangierte der Vater jetzt, ohne sich um die Meinung seines Sohnes zu kümmern, ein Philosophiestudium an der Harvard-Universität. Doch diesmal hatte er etwa das Richtige getroffen. Das Ziel des Studiums war, auf philosophischem Gebiet zu promovieren. Unter dem Einfluß des an der Harvard-Universität lehrenden spanischen Philosophen *George Santayana*, einem Vertreter einer skeptischen Philosophie, wurde Ordnung in das philosophische System *Wieners* gebracht. *Wiener* besuchte das Seminar zur formalen Logik, und ein logisches Thema wurde auch für die Dissertation bestimmt. Das Thema der Dissertation lautete: „A comparison between the treatment of the algebra of relatives by Schröder and that by Whitehead and Russell". (Ein Vergleich zwischen der Behandlung der Algebra der Relative bei Schröder und bei Whitehead und Russell.) *Ernst Schröder* war ein deutscher Logiker und Mathematiker und lehrte vorwiegend in Karlsruhe. Erst lange nach dem Abschluß des Promotionsverfahrens, als sich *Wiener* bei *Bertrand Russell* ernsthaft mit mathematischer Logik beschäftigte, bemerkte er, daß seine Dissertationsschrift doch sehr oberflächlich gewesen war:

(ich) erkannte, daß ich fast jede Frage von wahrhaft philosophischer Bedeutung verfehlt hatte. [1, S. 21]

Die Thematik der Dissertation war angeregt worden von dem Philosophen der Harvard-Universität *Josiah Royce*. Maßgeblich war das Thema beeinflußt worden durch *Edward Vermilye Huntington* von der Mathematischen Abteilung der Harvard-Universität. Bei *Huntington* studierte *Wiener* damals das Grenzgebiet zwischen Mathematik und Philosophie. *Huntington* war ein erstklassiger Lehrer und auch als Forscher sehr erfolgreich.

Ein großes Problem war für *Wiener* das eigentliche Promotionsverfahren. Es waren damals schriftliche und mündliche Prüfungen abzulegen, und schon deren Ankündigung erschreckte ihn maßlos. Der Vater half hier viel durch lange Spaziergänge mit Abfragen. Die prüfenden Professoren kannten die Prüfungsangst *Wieners* und ließen ihn durchkommen, wobei sie offenbar seine Begabung stillschweigend berücksichtigten. Diese Prüfung hatte bei *Wiener* den Effekt, daß er später als Prüfender sehr wohlwollend und großzügig war. Die Dissertation selbst verschwand in den Archiven der Harvard-Universität und wurde erst sehr viel später genauer analysiert. [2]

Fast unbemerkt von *Norbert Wiener* und seinen Eltern hatte sich unterdessen die weltpolitische Stellung der USA entscheidend geändert. Hatten die Vereinigten Staaten sich in den ersten Jahrzehnten ihres Bestehens strikt auf die innenpolitischen Fragen konzentriert, so änderte sich das in den neunziger Jahren. Die Expansionisten gewannen die Übermacht. Ausdruck dieser Politik war beispielsweise die Kriegserklärung der USA an Spanien im Jahre 1898. Gerechtfertigt wurde die imperialistische Außenpolitik durch eine Doktrin, die die amerikanische Gesellschaft als Trägerin „unbegrenzter Freiheiten, reinen Christentums und höchster Kultur“ bezeichnete. Innenpolitisch prägten jetzt mehr und mehr harte Klassenauseinandersetzungen das Bild, die Gebrechen des kapitalistischen Systems wurden offenbar. Der Optimismus und Elan der Gründerzeit waren nicht mehr vorhanden. Rücksichtslose kapitalistische Ausbeutung bestimmte die Lage der arbeitenden Klassen. Im Jahre 1894 erreichten die Vereinigten Staaten den ersten Platz in der Industrieproduktion auf der Erde. Neue Industriezweige wie Stahlerzeugung, Erdölgewinnung, chemische Industrie, elektrotechnische Industrie traten in den Vordergrund. Aber seit 1890 sank andererseits der Überschuß im Staatshaushalt ständig ab, im Jahre 1894 gab es erstmals in der amerikanischen Geschichte einen defizitären Haushalt. Die Jahre 1890 bis 1893 waren gekennzeichnet durch eine Handelskrise, der vor allem Eisenbahngesellschaften und Banken zum Opfer fielen. Und um 1890 setzte eine Streikwelle ein, die sich zur eigentlich ersten harten Klassenauseinandersetzung zwischen dem amerikanischen Proletariat und den Monopolen entwickelte. Die Anzahl der Streikenden betrug im Jahre 1894 750 000. Im Jahre 1890 wurde ein erstes Antitrustgesetz (Sherman-Gesetz) beschlossen, das jedoch keinerlei Wirkung zeigte. Die allgemeine Unzufriedenheit mit den Verhältnissen des Staates äußerte sich in der vernichtenden

Niederlage, die die Regierungspartei bei den Wahlen zum Repräsentantenhaus erlitt.
Wiener hatte sich während seines letzten Jahres an der Harvard-Universität um einen Studienaufenthalt in Europa beworben, erhielt diese Möglichkeit auch und beschloß, seine Studien in Cambridge (England) bei *Bertrand Russell* zu absolvieren. Er beabsichtigte, bei diesem berühmten Gelehrten seine mit der Dissertation begonnenen Untersuchungen zur mathematischen Logik fortzusetzen.
Russell genoß in den Jahren vor dem ersten Weltkrieg bereits als Mathematiker Weltruf, vorwiegend begründet durch das von ihm und *Alfred North Whitehead,* einem mathematischen Philosophen, verfaßte Werk „Principia mathematica" (erschienen 1910/1913). *Russell* war ohne Zweifel neben *Gottlob Frege,* der in Jena wirkte, der führende Logiker in der Zeit um den ersten Weltkrieg.
Vor der Abreise nach England empfahl *Huntington* noch das Studium einiger mathematischer Werke. Er schlug u. a. algebraische Schriften und Werke über projektive Geometrie vor. Die Vorschläge *Huntingtons* waren etwas eigenwillig, denn die projektive Geometrie war zu dieser Zeit schon kein moderner mathematischer Forschungsgegenstand mehr. Sie konnten eigentlich nur den Zweck haben, dem zukünftigen Mathematiker einen möglichst großen mathematischen Gesichtskreis zu verschaffen.
Während *Wiener* als Mathematiker eine – zwar noch nicht völlig gelungene – Talentprobe durch seine Dissertation gegeben hatte, war er als Persönlichkeit wenig ausgereift. *Norman Levinson,* der *Wiener* sehr gut kannte, bemerkte in seinem Nachruf:

In seiner Persönlichkeit war er einerseits sehr aggressiv und andererseits unreif, unselbständig und hatte wenig Selbstvertrauen. Er hatte noch nicht die kreative Macht entfaltet, die ihn zu einem großen Mathematiker und einem hervorragenden Philosophen der Wissenschaft machen sollte. [3, S. 6]

Mit der gesamten Familie reiste *Norbert Wiener* im Spätsommer 1913 nach Europa. Nach kurzem Aufenthalt in London begab sich die Familie nach München, *Norbert* blieb in England zurück. Den Eindruck, den der junge *Wiener* auf *Russell* machte schilderte dieser in einem Brief vom 19. Oktober 1913 an *Lucy Donnely:*

Gegen Ende September erschien ein Wunderkind namens *Wiener,* Ph. D. (Harvard), achtzehnjährig, mit seinem Vater, der dort slawische Sprachen lehrt und eigentlich nach Amerika gekommen war, um eine vegetarische kommunistische Kolonie zu finden. Diese Absicht (hatte er) aufgegeben und (betrieb) Landwirtschaft und das Lehren verschiedener Bereiche, (angeblich) Mathematik, römisches Recht und Mineralogie, an verschiedenen Universitäten. Der Junge ist eingebildet und dünkt sich der liebe Gott – das ist ein unaufhörliches Streiten zwischen ihm und mir, so daß ich nicht zum Lehren komme. [2, S. 104]

Wieners Urteil über *Russell* war auch nicht günstiger. In einem Brief nach Hause berichtete er:

Ich habe einen großen Widerwillen gegen *Russell*, genau kann ich es nicht erklären, aber ich verabscheue den Mann ... ich glaube, er ist ein Eisberg. Einige seiner Geistesmerkmale sind scharfsinnig, kalt, ... eine logische Maschine. [2, S. 106]

Insgesamt gesehen waren die Beziehungen zwischen *Wiener* und *Russell* kühl, wenn nicht gar feindselig.

Abb. 2. *Bertrand Russell* (ADN)

Erst war auch *Wieners* Urteil über *Russells* Lehrtätigkeit abwertend. Er meinte, dessen Vorlesungen wären der „Gipfel der Oberflächlichkeit", aber später, auf sein Leben zurückblickend, schrieb er:

Obwohl ich mit *Russell* viele Meinungsverschiedenheiten und sogar Reibereien hatte, war die Arbeit mit ihm für mich außerordentlich fruchtbar. Er hat mir nicht nur die Wichtigkeit der Mathematik deutlich gemacht, sondern auch die Notwendigkeit des Verständnisses der Physik ... [1, S. 25]

Ein Hauptgegenstand der Arbeit zwischen *Russell* und *Wiener* war die Diskussion seiner Dissertation, die *Russell* erst von *Wiener* selbst erhielt. Diese Diskussion brachte für *Wiener* zweifachen Gewinn: *Russell* erkannte die mathematischen Fähigkeiten seines Schülers, machte *Wiener* aber auch klar, daß seine Arbeit höheren wissenschaftlichen Ansprüchen nicht genügte. Während seines Aufenthalts in Cambridge veröffentlichte *Wiener* seine erste mathematische Arbeit. Sie hatte den Titel: „A simplification of the logic of relations" (Eine Vereinfachung der Relationslogik) (Proc. Camb. Phil. Soc. 17 (1912–14), 387–390). Die Arbeit knüpfte an die Dissertation an. *Wieners* Mentor *Russell* nahm die Arbeit ohne großes Interesse zur Kenntnis, obwohl sie von erheblicher Bedeutung für die Entwicklung der mathematischen Logik war. Fachspezifisch ausgedrückt bedeutet das: der Relationskalkül, der in den „Principia mathematica" noch als selbständige logische Theorie auftrat, wurde durch *Wiener* zu einem Bestandteil des Klassenkalküls. Dieses Ergebnis von *Wiener* ist später von polnischen Logikern weiter ausgebaut worden.
Neben seiner Arbeit mit *Russell* vervollständigte *Wiener* in Cambridge sein mathematisches Grundwissen. Vor allem die Vorlesungen von *Godfrey Harold Hardy*, eines vorwiegend auf zahlentheoretischem Gebiet sehr erfolgreichen Mathematikers, waren für *Wiener* wertvoll.

Hardy führte mich mit Klarheit und eingehend durch die komplizierte Logik der Mathematik ... [1, S. 24]

Hardy wies *Wiener* auf die Theorie des Lebesgueschen Integrals hin und lenkte ihn damit auf ein wichtiges Arbeitsgebiet seiner frühen Schaffensperiode.
Noch vor Beendigung von *Wieners* Studienaufenthalt in Cambridge nahm *Russell* eine Einladung in die USA an, riet aber *Wiener*, seine

Studien in Göttingen fortzusetzen. Göttingen war neben Berlin das mathematische Zentrum Deutschlands. In Göttingen wohnte *Wiener* bei einer ehemaligen Musiklehrerin und aß in einem vegetarischen Restaurant. *Wiener* wollte vor allem bei den an der Göttinger Universität tätigen berühmten Mathematikern Vorlesungen hören. Er nahm an den Vorlesungen des führenden Zahlentheoretikers *Edmund Landau* teil, der damals über Gruppentheorie las, und hörte die Vorlesung über Differentialgleichungen bei *David Hilbert.* Daneben besuchte *Wiener* die Philosophievorlesungen von *Edmund Husserl.* Den größten Eindruck auf *Wiener* machte *Hilbert.*

Für mich als jungen Menschen wurde *Hilbert* der Mathematiker jener Art, wie sie mir selber vorschwebte, ein Mann, in dem sich ungeheure abstrakte Denkkraft mit einem nüchternen Sinn für physikalische Wirklichkeit paarte. [1, S. 27]

Das Studium in Göttingen brachte für *Wiener*, neben dem Gewinn an Wissen durch die außerordentlich gute Qualität der Vorlesungen und dem regen mathematischen Leben, auch die Bekanntschaft mit bemerkenswerten Mathematikern. Einige dieser Kollegen, wie den Statistiker *Felix Bernstein* und den ungarischen Analytiker *Otto Szasz*, traf *Wiener* später als Emigranten in den USA wieder. In Göttingen entstanden *Wieners* „Studies in Synthetic Logic" (Proc. Cambridge Philos. Soc. 18 (1915), 24—28). *Wiener* schätzte diese Arbeit später als „eine der besten Untersuchungen meiner Frühzeit" ein. Die Abhandlung war in einer Woche entstanden.

Der Studienaufenthalt in Göttingen lief ab, als der erste Weltkrieg drohend am Horizont stand. *Wiener* kehrte nach Cambridge zurück, konnte dort aber sein Studium nicht fortsetzen. *Russell* hatte sich als streitbarer Pazifist betätigt, wurde seines Lehramtes enthoben und später sogar ins Gefängnis geworfen. Dieses Schicksal sollte *Russell*, obwohl aus dem englischen Hochadel stammend, noch oft in seinem Leben widerfahren. *Wiener* wandte nun auf Anordnung seines Vaters Europa zu Anfang des Jahres 1915 den Rücken und fuhr in die USA zurück.

Das Studienjahr in Europa hatte für *Wieners* intellektuelle Entwicklung entscheidende Bedeutung. Neben der fachlichen Vervollkommnung war für *Wiener* die bewußte Begegnung mit einer lebendigen wissenschaftlichen Kultur sehr wesentlich gewesen, die Erkenntnis, daß Amerika auch und gerade wissenschaftlich und kulturell nicht die Welt ist. Seine Unabhängigkeit vom Vater hatte eine neue Stufe erreicht, wenn auch der Vater weiterhin sehr bestimmend in *Wieners* Lebenslauf eingriff. Erst sehr viel später, im Jahre 1956, hat *Wiener* seinen Vater, vielleicht in der Erinnerung etwas verklärt, gerechter würdigen können:

Mein Vater war ein Romantiker. Geistig standen ihm, von *Tolstoi* und *Dostojewski* abgesehen, die deutschen Liberalen von 1848 am nächsten. Sein Lieblingsdichter war *Heine,* dessen „Hebräische Melodien" er fast auswendig kannte. In seiner Rechtschaffenheit lag Elan, Triumph, Stolz auf das Erreichte und ein tiefes Lebensgefühl. [1, S. 15]

Der Vater *Norbert Wieners* verstarb übrigens an den Spätfolgen eines Unfalls im Jahre 1939 in Belmont (Massachusetts).

2. ERSTE BERUFLICHE TÄTIGKEIT

Nach seiner Rückkehr in die USA beendete *Wiener* das angefangene akademische Jahr an der Columbia-Universität von New York. Er fand durch seine überhebliche Art keine Freunde, die Vorlesungen waren ihm ein Greuel und die mathematischen Arbeiten erfolglos.
Zum Studienjahresbeginn 1915/16 kehrte *Wiener* als Privatdozent und Assistent für Philosophie an die Harvard-Universität zurück. Vater und Sohn waren jetzt also Kollegen. *Norbert Wiener* hielt Vorlesungen über die logischen Grundlagen der Mathematik, geriet aber bei der Durchführung seines Programms selbst in gewisse logische Schwierigkeiten. Daraus entwickelten sich erstmals mit *George David Birkhoff* ernsthafte Differenzen. *Birkhoff* hatte sehr erfolgreich über statistische und theoretische Mechanik, aber besonders über die Theorie dynamischer Systeme gearbeitet. Er konnte *Wiener* wegen dessen intellektueller Frühreife nicht ausstehen, und ebenso hat *Wiener* noch sehr viel später seine Abneigung gegen *Birkhoff* öffentlich gezeigt. *Birkhoff* war auf spezielle Art Antisemit (die Juden seien geistige Frühentwickler und verschafften sich dadurch unberechtigte Vorteile). *Wieners* Erfolge wühlten in ihm Rivalität auf. *Wiener* war auch nicht gerade schüchtern und bedrohte im Laufe der Zeit *Birkhoffs* Stellung als „erster Mathematiker Amerikas". Die Spannung zwischen beiden Gelehrten wurde noch dadurch verschärft, daß *Birkhoff* seinen Kollegen von der Harvard-Universität, *Leo Wiener*, wegen dessen stolzer Überheblichkeit nicht ausstehen konnte. Das gespannte Verhältnis zu *Birkhoff* hat die ersten Jahre der akademischen Laufbahn *Norbert Wieners* überschattet. Der Vertrag *Wieners* an der Harvard-Universität wurde für das folgende Jahr nicht verlängert, und *Wiener* mußte sich bei einigen Lehrervermittlungen als Stellensuchender eintragen lassen. Endlich fand sich eine Stellung als Dozent für Mathematik an der Universität von Maine in Orono. Die Universität war klein, hatte vier Colleges, und das Lehrpersonal genügte höheren Ansprüchen nicht. Die Studenten strebten keine akademische Laufbahn an, sondern sollten nur ihre Allgemeinbildung etwas verbessern. Dementsprechend verhielten sie sich undiszipliniert und rüpelhaft. *Wiener,* jung, nervös und empfindlich, war für sie das geeignete Opfer.
Schon in Europa war *Wiener* mit der Kriegsgefahr und dem beginnenden ersten Weltkrieg konfrontiert worden. Jetzt erreichte der

Krieg auch die Vereinigten Staaten. Am 6. April 1917 waren die USA auf Grund der deutschen Erklärung vom 1. Februar 1917 über den uneingeschränkten U-Boot-Krieg in den ersten Weltkrieg eingetreten. Der Kriegseintritt der USA bedeutete für die junge amerikanische Generation eine schwere geistige Belastungsprobe. Erzogen in einer langen Friedensperiode, angehalten, die Krisenerscheinungen der amerikanischen Wirtschaft und Gesellschaft als vorübergehend zu betrachten, war sie der Auffassung, daß eine, wenn auch langsame Entwicklung zu immer besseren Verhältnissen stattfände. Der Kriegseintritt der USA stellte dieses Lebensgefühl in Frage. Aus europäischer Sicht hatte *Erich Maria Remarque* den Zusammenbruch dieser Lebenseinstellung in seinem erstmals 1928/29 erschienenen berühmten Roman „Im Westen nichts Neues" beschrieben:

Und selbst wenn man sie uns wiedergäbe, diese Landschaft unserer Jugend, wir würden wenig mehr mit ihr anzufangen wissen ... Wir sind verlassen wie Kinder und erfahren wie alte Leute, wir sind roh und traurig und oberflächlich – ich glaube, wir sind verloren. (*Remarque, E. M.:* Im Westen nichts Neues. Berlin und Weimar 1975. S. 102–103.)

Der Schock des Kriegseintritts der USA war für *Wiener*, wie für viele Amerikaner, groß. Aber die Vereinigten Staaten führten einen „seltsamen Krieg". Sie waren hauptsächlich in den Krieg eingetreten, um ihre Positionen im Fernen Osten und in Europa auszubauen. Selbstverständlich waren sie schon vorher am Verlauf des Krieges in Europa interessiert. Die amerikanischen Monopole erzielten riesige Gewinne aus dem Absatz gewaltiger Waffenmengen. Während sich die Hauptkonkurrenten der USA auf dem Weltmarkt, Deutschland und England, auf den Schlachtfeldern zerfleischten, drang der amerikanische Imperialismus ungehindert nach Süd- und Mittelamerika vor. Alle während des Verlaufs des Krieges von den USA gemachten Friedensvorschläge, insbesondere der Wilson-Plan von 1918, dienten nur ihren imperialistischen Weltmachtinteressen, versteckten dies aber hinter schönen Worten. Erst Mitte des Jahres 1918 entsandten die Vereinigten Staaten nennenswerte Kontingente auf den europäischen Kriegsschauplatz.

Wiener wurde seiner schlechten Augen wegen vom aktiven Wehrdienst befreit. Erst arbeitete er kurzzeitig bei der General Electric in Lynn (Massachusetts), dann bei der Redaktion der „Encyclopedia

Americana" in Albany (New York). Der Krieg erreichte aber auch ihn. Zusammen mit anderen Mathematikern mußte er etwa ein Jahr lang einen halbmilitärischen Dienst auf dem Artilleriegelände von Aberdeen (Maryland) absolvieren. Die militärische Tätigkeit bestand hauptsächlich in der Ausarbeitung von Schußtafeln. Im Februar 1919 wurde *Wiener* aus der Armee entlassen.

Für den amerikanischen Imperialismus war der erste Weltkrieg ein großes Geschäft. In den USA nahmen trotz einer Steigerung des Nominallohns um 33 % (1913–1917) die Preissteigerungen zu (z. B. Brot um 75 % teurer, Textilien um 149 %) und führten zu einer beträchtlichen Erhöhung der Profitraten der Konzerne. Die USA wurden durch den Weltkrieg zur stärksten imperialistischen Macht und traten auch entsprechend auf. Die Große Sozialistische Oktoberrevolution erschreckte die amerikanischen Imperialisten ungemein. Sie beeilten sich sehr, sich an der Intervention zur Niederschlagung der russischen Revolution zu beteiligen. Sie griffen vorwiegend im Fernen Osten ein und begannen einen grausamen Vernichtungsfeldzug gegen die russische Bevölkerung. Die begleitende antisowjetische Hetze hat *Wiener* stärker beeinflußt, als er sich selbst vielleicht eingestehen wollte. Erst gegen Ende seines Lebens gewann er eine realistische Einstellung zur Sowjetunion.

Nach der Entlassung aus der Armee hatte *Wiener* keine feste Anstellung. Er betätigte sich erst als Reporter in Boston, wurde aber bald arbeitslos. Die Familie *Wiener* war finanziell so gut gestellt, daß ihn diese Situation nicht besonders belastete. Er nutzte die freie Zeit zu algebraischen und logischen Studien. Zwei kürzere Arbeiten über bilineare Operationen wurden im Jahre 1920 veröffentlicht. Grundsätzliche Bedeutung kam seiner schon 1919 veröffentlichten Untersuchung „A new theory of measurement: a study in the logic of mathematics" (Eine neue Theorie des Messens: ein Beitrag zur mathematischen Logik) (Proc. Lond. Math. Soc. 2 (1919), S. 181 bis 205) zu. *Russell* schrieb an *Hardy* über diese Arbeit *Wieners*:

Das ist eine Schrift von sehr beträchtlicher Bedeutung, da sie eine völlig stichhaltige Methode für die numerische Messung von verschiedenen Arten von Quantitäten begründet ... [2, S. 104]

Wiener hielt diese Untersuchungen mit Recht für das Beste, das er bisher verfaßt hatte. Ein weiterer, unerwarteter Erfolg stellte sich ein. Die Zeitschrift „The Monist" druckte seine philosophischen Vorlesungen, die er an der Harvard-Universität gehalten hatte. Schließlich wurde auch das Problem der festen Anstellung gelöst. *Wiener* konnte als Instructor (entspricht etwa dem deutschen Dozenten) am berühmten Massachusetts Institute of Technology (abgekürzt M.I.T.) in Cambridge (Massachusetts) anfangen. *Wiener* verdankte die Anstellung vor allem dem Einfluß des bedeutenden Mathematikers *William Fogg Osgood. Osgood* war ein Freund *Leo Wieners.* Die Zeitumstände begünstigten *Osgoods* Vermittlung. Nach dem Kriege war wieder das Geld vorhanden, an den Hochschulen Wissenschaftler einzustellen. Bevor *Wiener* aber tatsächlich seine Stellung am M.I.T. antrat, fuhr er erneut nach Europa. Diese Reise ähnelte sehr einer Flucht. Die Gründe für die überstürzte Reise lagen im persönlichen Bereich. *Wiener* war der Bevormundung durch die Familie überdrüssig, die ständig versuchte, ihn zu verheiraten und zur Geselligkeit zu zwingen. Außerdem hatte *Wiener* eine tiefe Abneigung gegen den amerikanischen Hochschulbetrieb erfaßt. Er stellte später fest:

Der typische Harvard-Mann betrachtete es als unfein, zuviel über Wissenschaft zu reden und nachzudenken. Die anstrengenden Versuche, den Gentleman zu spielen, nahmen seine geistigen Fähigkeiten genügend in Anspruch. [1, S. 48]

Einen geeigneten Anlaß zu entfliehen, bot der für September 1920 in Strasbourg angekündigte Internationale Mathematikerkongreß. Vor der Eröffnung des Kongresses nahm *Wiener* die Gelegenheit wahr, Kontakte mit französischen Mathematikern anzuknüpfen. Besonders war er an einer Zusammenarbeit mit *Maurice Fréchet,* einem der Begründer der Funktionalanalysis, interessiert. Er schrieb an *Fréchet,* und dieser erklärte sich bereit, *Wiener* für kurze Zeit als Schüler aufzunehmen. *Wiener* begann seine Reise nach Europa im Juli 1920. Die Schiffsreise wuchs sich fast zu einer Katastrophe aus, denn das Schiff erreichte nur mit größter Mühe den französischen Hafen Le Havre. Da *Fréchet* keine Zeit hatte, *Wiener* zu empfangen, machte er einen kurzen Abstecher nach Cambridge. Anschließend absolvierte er noch Visiten in Paris, dann in Belgien und in Luxemburg. Endlich kam es zur Zusammenarbeit mit *Fréchet.* Das Ergebnis waren für *Wiener* gelungene Versuche zur Axiomatisierung von gewissen Vektorsystemen. Auf diesem Gebiet kam es zu einem seltsamen Zusammentreffen mathematischer Gedankengänge. Der bedeutende polnische Mathematiker *Stefan Banach* arbeitete zur gleichen Zeit auf dem Gebiet, das später als die Theorie der Banach-Räume in die Geschichte der Mathematik einging. *Wiener* selbst verließ nach wenigen Veröffentlichungen die Theorie der Banach-Räume. Sie schien auch nicht die „mathematische Beschaffenheit" zu haben, „die ich mir für eine Theorie wünschte, auf die ich einen Teil meines künftigen Ansehens gründen wollte", schrieb er darüber später [1, S. 61]. Er wandte sich deshalb stärker dem Differentialraum zu, der geeignet war, die Brownsche Bewegung zu beschreiben. *Fréchet* verstand diesen Interessenwechsel nicht, vermittelte aber *Wiener* die Bekanntschaft mit *Paul Lévy*, dessen Vorstellungen mehr mit denen *Wieners* konform gingen. *Lévy* war seit 1920 Professor an der Ecole Polytechnique in Paris und wurde später einer der führenden Vertreter der Funktionalanalysis und der Wahrscheinlichkeitsrechnung.

Endlich war der Konferenzbeginn herangerückt. Der Kongreß stand unter einem unglücklichen Stern. Im Jahre 1918 hatte eine Konferenz der Akademien der Siegermächte des ersten Weltkrieges stattgefunden. Dort war eine Erklärung angenommen worden, in der es u. a. hieß:

Wir müssen die früheren internationalen Organisationen abschaffen und neue bilden, die nur den verbündeten Ländern und neutralen Staaten offenstehen.

Völlig übereinstimmend damit war im Juli 1919 in Brüssel eine internationale Mathematikervereinigung gegründet worden, die nur einigen Staaten offenstand, nämlich den Entente-Staaten und diesen genehmen Ländern. Deutschland und die Sowjetunion wurden nicht zugelassen. Dieser offene Revanchismus führte zu einer scharfen Reaktion der Deutschen Mathematikervereinigung. Der Kongreß in Strasbourg fand trotzdem, ohne deutsche und sowjetische Beteiligung, statt. Es hatten sich etwa 200 Teilnehmer eingefunden. Die bedeutendsten Mathematiker unter ihnen waren *Camille Jordan* und *Jacques Hadamard*. *Wiener* hat seine Teilnahme an der Konferenz später wegen der nationalistischen Atmosphäre, die dort herrschte, bedauert. Er war bei dieser Konferenz nur passiver Teilnehmer. Er bemerkte aber, daß seine wenigen bisher veröffentlichten Arbeiten große Aufmerksamkeit bei den europäischen Mathematikern erregt hatten.

3. AM M.I.T.

Nach seiner Rückkehr aus Europa nahm *Wiener* nun wirklich seine Tätigkeit am M.I.T. auf. Das Institut war damals noch nicht die weltbekannte Forschungsstätte. Zwar schon im Jahre 1861 in Boston gegründet, seit 1916 in Cambridge (Massachusetts) beheimatet, diente es vorwiegend der Ausbildung des Ingenieurnachwuchses. Erst nach dem ersten Weltkrieg wurde es von staatlicher und privater Seite stark gefördert und wurde bald ein wichtiges Instrument zur Sicherung des wissenschaftlichen und technischen Vorsprungs der Vereinigten Staaten nach dem ersten Weltkrieg. Zur Zeit von *Wieners* Arbeitsbeginn wurden am Institut jährlich etwa 3000 Studenten ausgebildet. Belegt werden konnten vorwiegend technische Fächer. Die Mathematik spielte im Ausbildungsprogramm nur eine untergeordnete Rolle und war folglich auch nicht durch herausragende Fachleute vertreten. Leiter der mathematischen Abteilung war *Harry Walter Tyler*.

> *Tyler* war kein Forscher und hatte nur wenige Arbeiten über Determinanten und zur Geschichte der Mathematik veröffentlicht. Aber wie jeder gute Verwaltungsmann war er bereit, jede Gelegenheit zu nutzen, die dem Aufstieg seiner Abteilung diente, und als sich später die Chance bot, Ansehen auf dem Gebiete der mathematischen Forschung zu erringen, stellte er sich hinter uns. [1, S. 34]

In diese sich am Beginn ihres Aufschwungs befindliche Abteilung kam der junge, exzentrische *Norbert Wiener*. Seine Arbeitsgebiete und Forschungsaufgaben mußten abgesteckt werden. Im Sinne der wachsenden Bedeutung des Instituts für die Entwicklung der technischen Wissenschaften wurde er gebeten, sich vorwiegend Problemen der angewandten Mathematik zu widmen. Es sollte ihm aber auch genügend Zeit bleiben, theoretische Interessen weiter zu verfolgen. Um die erste Aufgabe bewältigen zu können, war es notwendig, daß *Wiener* sich in die Probleme der physikalischen Anwendung der Mathematik einarbeitete und auch die dazu erforderlichen mathematischen Hilfsmittel für sich bereitstellte. Mathematisch gesehen bedeutete das für *Wiener*, vor allem das Gebiet der harmonischen Analyse und verwandte Fragen genau zu durchdenken. Aus heutiger Sicht waren diese Hilfsmittel ausreichend, um ein großes Spektrum von Aufgaben, auch technischer Art, erfolgreich zu behandeln. Resümierend konnte *Wiener* in seiner Autobiographie feststellen:

Ich hatte das große Glück, daß die Probleme, die mich in meiner Jugend fesselten und die ich größtenteils überhaupt erst aufgeworfen habe, noch heute, in meinem siebenten Lebensjahrzehnt, ihre Kraft, höchste Anforderungen an mich zu stellen, (noch) nicht verloren zu haben scheinen. [1, S. 43]

Einige dieser Probleme sollen im folgenden etwas genauer dargestellt werden.

3.1. Harmonische Analyse

Unter der harmonischen Analyse einer empirischen Funktion versteht man die Darstellung dieser Funktion durch eine trigonometrische Reihe: $f(x) = \sum_{n=0}^{\infty} (A_n \cos nax + B_n \sin nax)$.

Diese scheinbar harmlose Problemstellung hat in der Geschichte der Mathematik eine bedeutsame Rolle gespielt. Trigonometrische Reihen sind wohl zum ersten Male von *Leonhard Euler* im Jahre 1755 ausführlich betrachtet worden. In das allgemeine mathematische Bewußtsein wurden sie erst durch *Jean Baptiste Fourier* gebracht. Der französische Mathematiker veröffentlichte im Jahre 1822 ein Buch mit dem Titel „Théorie analytique de la chaleur" (Analytische Theorie der Wärme). Physikalisch gesehen löste *Fourier* in dem Werk die Aufgabe, die Temperaturverteilung in einem Körper zu bestimmen. Als mathematisches Arbeitsmittel verwendete *Fourier* trigonometrische Reihen. *Fourier* bemerkte auch, daß die trigonometrischen Reihen geeignet waren, „willkürliche" Funktionen mathematisch zu beschreiben. Damit war für die Physik, in der solche „unregelmäßigen" Funktionen oft vorkommen, ein wichtiges mathematisches Instrument gewonnen. Dadurch wurde aber das „Unstetige", „Willkürliche" plötzlich zu einem mathematischen Forschungsgegenstand. Der Begriff „Funktion" mußte völlig neu bestimmt werden, die Integrations- und Approximationstheorie mußte neu durchdacht werden, die entstehende Mengenlehre erhielt wichtige Anregungen. Der Schöpfer der modernen Mengenlehre, *Georg Cantor*, hatte erste grundlegende Einsichten zur Mengenlehre aus seiner Beschäftigung mit trigonometrischen Reihen gewonnen. Auch in der nachfolgenden Entwicklung der Mathematik haben spezielle Probleme der harmonischen Analyse oft auf die gesamte Mathematik befruchtend gewirkt.

Wiener gelang es, zwei wichtige allgemeine Sätze der harmonischen Analyse zu finden. Das erste Theorem (Theorem von *Wiener*) stellte den Zusammenhang zwischen den Fourierentwicklungen von $f(x)$ und $1/f(x)$ her, das zweite (Theorem von *Wiener-Lévy*) stellte die Beziehung zwischen den Fourierentwicklungen von $f(t)$ und $\varphi(f(t))$ heraus. Auf die Bedingungen, unter denen diese Sätze Gültigkeit besitzen, und die Voraussetzungen, die über die Funktionen f und φ dazu gemacht werden müssen, soll hier nicht eingegangen werden. Der berühmte Beweis, den der sowjetische Mathematiker *Israil' Moiseevič Gelfand* für das Theorem von *Wiener* gab, stülpte später die Grundlagen der harmonischen Analyse um. *Gelfand* bewies den Satz aus der Theorie der Banach-Algebren heraus und lenkte damit die Aufmerksamkeit der Mathematiker auf dieses Gebiet, das gegenwärtig allgemein als Grundlage der harmonischen Analyse angesehen wird.

Wiener stellte durch die Untersuchung von trigonometrischen Reihen der Form $\sum \xi_n e^{2\pi int}$, wo die ξ^n unabhängige normalverteilte zufällige Variable sind, den grundlegenden Zusammenhang zwischen der harmonischen Analyse und der Theorie der Zufallsprozesse her. Diese trigonometrischen Reihen werden jetzt als Fourier-Wiener-Reihen bezeichnet. Viele grundlegende theoretische Fragen der harmonischen Analyse hatte *Wiener* nur aufgeworfen. Diese Probleme haben die mathematische Forschung bis in die neueste Zeit beschäftigt (vgl. dazu [3a]). In seinem späteren Werk hat *Wiener* viele Anwendungen der harmonischen Analyse gegeben. Einen ersten Versuch dazu unternahm er in seinen Untersuchungen zur Operatorenrechnung.

3.2. Untersuchungen zur Operatorenrechnung

Die Anregung zur Beschäftigung mit der Operatorenrechnung erhielt *Wiener* von der elektrotechnischen Abteilung des M.I.T. Sie forderte von ihm eine mathematisch einwandfreie Begründung dieses Gebietes. Die Operatorenrechnung wurde ausgiebig fast nur in der Elektrotechnik verwendet. Sie diente zur Lösung der dort auftretenden Differentialgleichungen. Im Prinzip lassen sich fast alle wichtigen mathematischen Beziehungen der theoretischen Elektrotechnik in Form von Differentialgleichungen beschreiben, aber die Techniker waren verständlicherweise nicht davon begeistert, einen höchst komplizierten mathematischen Apparat zu ihrer Lösung anwenden zu müssen. Die sich nach dem ersten Weltkrieg stürmisch entwickelnde Elektroindustrie forderte deshalb mit Recht von den Wissenschaftlern einwandfreie Verfahren für elektrotechnische Berechnungen. Wie sich die Elektroingenieure der Zeit behalfen, sei am Beispiel einer einfachen Differentialgleichung gezeigt. Die zu lösende Differentialgleichung sei: $y(t)+y'(t)=t^2$ oder, anders geschrieben, $y(t)+\frac{d}{dt}\,y(t)=t^2$. $\frac{d}{dt}$ wird jetzt als D bezeichnet, und mit dieser „Größe" wird wie mit einer arithmetischen Größe gerechnet. Die Operation „differenziere $y(t)$ nach t" wird durch „multipliziere D mit $y(t)$" ersetzt. Es ergibt sich $y(t)+D\,y(t)=t^2$ oder $y(t)=\frac{1}{1+D}\cdot t^2$. $\frac{1}{1+D}$ wird durch Vergleich mit bekannten Reihen realisiert. Für

$$|x|<1 \text{ gilt } \frac{1}{1-x}=1+x+x^2+\ldots,$$

$$\frac{1}{1+D}=1-D+D^2-D^3+\ldots,$$

$$y(t)=(1-D+D^2-D^3+\ldots)\,t^2,$$

$$y(t)=t^2-2\,t+2, \text{ da z. B. } D^2t^2=2\,Dt=2\cdot 1=2.$$

Und wirklich erfüllt die gefundene Lösung die vorgelegte Differentialgleichung. Hätte man zur Realisierung die Reihe

$$\frac{1}{1-x}=-\frac{1}{x}-\frac{1}{x^2}-\frac{1}{x^3}-\ldots$$

gewählt, hätte man die Lösung $y(t)=t^2-2\,t+2-2\,e^{-t}$ erhalten.

Das Verfahren ist in den Zwischenschritten mathematisch äußerst zweifelhaft, konnte bei den oft viel komplizierteren Gleichungen der Elektrotechnik zu widersprüchlichen Resultaten führen oder auch vollständig versagen, wie bei partiellen Differentialgleichungen. Der Elektroingenieur überprüfte in Zweifelsfällen seine Lösung experimentell.

Das war die Sachlage, die *Wiener* vorfand. Er ersetzte in seiner Abhandlung „The Operational Calculus" (1925) das heuristische Verfahren durch die Methode der passenden Funktionaltransformation. Er griff also auf die mathematischen Mittel zurück, die ihm aus seinem Studium bei *Fréchet* und durch seine Untersuchungen zur harmonischen Analyse geläufig waren. Alle logischen Schwierigkeiten konnte er aber auch nicht beseitigen. Erst der polnische Mathematiker *Jan Mikusinski* brachte in den Jahren nach 1950 die Theorie zu einem gewissen Abschluß. *Wieners* Arbeit war nur eine Etappe auf dem Weg zu einer sicheren Begründung der Operatorenrechnung. Neben dem rein mathematischen Aspekt hatte für *Wiener* die Arbeit an der Operatorenrechnung noch andere wesentliche Seiten. Er scheint sich hier erstmals ernsthaft mit den Problemen der Geschichte eines mathematischen Faches in den Grundzügen vertraut gemacht zu haben. Er besprach in der Einleitung des „Operational Calculus" die einschlägigen Ideen von *Gottfried Wilhelm Leibniz* über die von *Oliver Heaviside* bis zu denen seiner eigenen Zeitgenossen. Besonders die Persönlichkeit des englischen Elektroingenieurs *Heaviside* hat *Wiener* bis an sein Lebensende gefesselt. Schließlich war *Wiener* auch gezwungen, sich mit Fragen der Elektrotechnik zu befassen. Die erworbenen Kenntnisse haben sich für seine Arbeit bis in die „Jahre der Kybernetik" als sehr nützlich erwiesen. Aus den angeführten Gründen nahm die Arbeit an der Begründung der Operatorenrechnung eine zentrale Stellung in *Wieners* Frühwerk ein. Direkte Auswirkungen hatte die Operatorenrechnung für ihn auch mathematisch. Sie regte *Wiener* an, die harmonische Analyse zu verallgemeinern und zu versuchen, ob die Operatorenrechnung weitere physikalische Anwendungen, beispielsweise in der Quantenmechanik, zuläßt.

3.3. Potentialtheorie

Eine gewisse Randstellung im Gesamtwerk *Wieners* nimmt ein Fachgebiet seiner frühen Forschungstätigkeit, die Potentialtheorie, ein. Über sie soll deshalb zum Schluß dieser Übersicht über die ersten großen Forschungsthemen *Wieners* berichtet werden.
Wiener hat über Potentialtheorie nur kurzzeitig gearbeitet, etwa in den Jahren 1923 bis 1924. Seine Beschäftigung mit der Potentialtheorie geht auf eine Anregung von *Oliver Dimon Kellogg* zurück, der seit 1919 an der Harvard-Universität tätig und einer der führenden Vertreter der Potentialtheorie seiner Zeit war. Er war *Wiener* bei der Auswahl eines Arbeitsthemas behiflich und wies ihn auf das Problem der Spannungsverteilung an der Spitze eines Dorns hin. An der Spitze eines solchen Dorns erhält man für das Potential unterschiedliche Werte, abhängig vom Weg zur Spitze des Dorns. *Wiener* konnte schnell einige wichtige Resultate zu dieser Frage erreichen und erregte damit das Mißfallen *Kelloggs*, der nicht mit so

baldigen Erfolgen *Wieners* gerechnet hatte. Einige von ihm für seine Doktoranden vorgesehenen Themen waren von *Wiener* nebenbei mit erledigt worden. Es kam zu unerfreulichen Auseinandersetzungen. Das günstige Ergebnis seiner Arbeit veranlaßte *Wiener* jedoch, sich weiter mit Potentialtheorie zu befassen. Die *Wiener*schen Arbeiten zur Potentialtheorie waren:

1. Nets and the Dirichlet problem (Netze und das Dirichletproblem), (Journ. Math. and Phys. 2 (1923), 105–124).
Mitautor der Arbeit war *H. B. Philipps.* Das zur Diskussion stehende Thema war durch Anwendung der Differenzenrechnung behandelt worden. Von der Methode her war das damals ein fast unerhörtes Verfahren.
2. Certain notions in potential theory (Gewisse Begriffe in der Potentialtheorie), (Journ. Math. and Phys. 3 (1924), 24–51). Das wichtigste Ergebnis dieser Arbeit war die Definition der Kapazität für bikompakte Mengen. *Wiener* studierte die Möglichkeiten einer allgemeinen Lösung des klassischen Problems von *Dirichlet,* der ersten Randwertaufgabe der Potentialtheorie. Er konnte die Grenzen der üblichen Lösung aufzeigen.
3. Zwei weitere Arbeiten aus dem Jahre 1924 setzten sich genauer mit dem Begriff der Regularität eines Randpunktes und dem schwierigen Beweis des „Grenzwertsatzes von Wiener" auseinander.
4. Die kurze Abhandlung „Note on a paper of O. Perron" (Anmerkung zu einer Abhandlung von O. Perron), (Journ. Math. and Phys. 4 (1925), 21–32), befaßte sich mit dem Vergleich von Verfahren von *Robert Remak, Oskar Perron* und *Wiener* zur Lösung des Dirichletschen Problems. Diese Verfahren werden heute zusammenfassend als Methode von Perron-Wiener-Brelot bezeichnet. *Marcel Emile Brelot* hatte die ursprünglichen Verfahren ausgebaut und damit die Axiomatik des Dirichletschen Problems begründet.

Die Beschäftigung *Wieners* mit der Potentialtheorie hatte nur episodischen Charakter. Allerdings erschlossen sich für ihn damit neue Bereiche praktisch verwertbarer Kenntnisse. Die Potentialtheorie ist mathematisch gesehen ein Teilgebiet der Analysis. Sie untersucht speziell die Lösungsfunktionen der Laplaceschen Differentialgleichung, einer partiellen Differentialgleichung zweiter Ordnung. Diese Gleichung beschreibt viele Vorgänge in der Wärmelehre, der Hydrodynamik und der Elektrizitätslehre.

Trotz der nur wenigen Arbeiten *Wieners* zur Potentialtheorie schätzte

Brelot, der führende Vertreter der neueren Potentialtheorie, dessen Beiträge als den Beginn einer neuen Epoche in der Behandlung des Dirichletschen Problems und der Potentialtheorie ein (vgl. [3b]).
Betrachtet man das Werk *Wieners* bis zur Operatorenrechnung und berücksichtigt man auch die angedeuteten Tendenzen in Richtung auf seine späteren Forschungsarbeiten, so ergibt sich, stark vereinfacht, das folgende Bild:

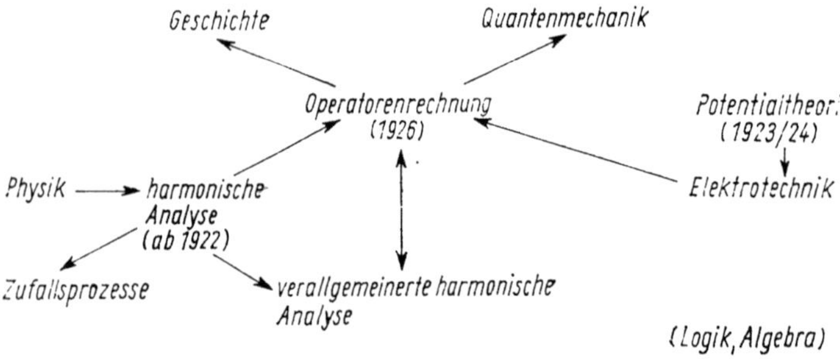

Schema 1. *Wieners* Werk bis zur Operatorenrechnung

Dieses Schema bedeutet nicht, daß *Wiener* nicht schon vor dem Jahre 1926 begonnen hatte, die freien Enden zu bearbeiten.
Bevor aber die wissenschaftliche Entwicklung *Wieners* weiterverfolgt wird, soll der Lebensweg des Mathematikers geschildert werden.
Im Frühjahr 1926 heiratete der 31jährige *Wiener* die College-Lehrerin für Fremdsprachen *Margaret Engemann. Margaret Engemann* stammte aus einer deutsch-amerikanischen Familie. Sie war erst im Alter von vierzehn Jahren aus Deutschland in die USA gekommen und hatte zuletzt im „wilden Westen" gelebt. Als *Wieners* Frau hatte *Margaret* kein leichtes Amt. Sie benötigte

Takt, Nachsicht, die Einsicht, immer alle familiären Verpflichtungen übernehmen zu müssen. Sie mußte *Norbert* vor äußeren Ablenkungen schützen, humorvoll sein, wenn er depressiv war, seine Sorgen und Ängste vertreiben. Und sie mußte seine ungebundenen Flüge der Phantasie tolerieren, wenn er froh war. [3, S. 22]

Die Ehe nahm einen glücklichen Verlauf. Aus ihr gingen zwei Töchter, *Peggy* und *Barbara*, hervor. Die Familie nahm ihren Wohnsitz in Sandwich (New Hampshire). Der Ort hat eine reizvolle landschaftliche Lage. Im Süden liegen die Ossipee Mountains und im Norden das über 1000 m ansteigende Massiv des Mount Chocuroa. Nach und nach entstand in Sandwich eine kleine Wissenschaftlerkolonie. *Wieners* offizielle Stellung am M.I.T. verbesserte sich nach seinen ersten wissenschaftlichen Erfolgen rasch. Im Jahre 1924 wurde er „Assistant Professor", im Jahre 1929 „Associate Professor". Im Jahre 1932 bekam er eine ordentliche Professur. Der Aufstieg war nicht problemlos verlaufen. Vom Spektrum seiner wissenschaftlichen Interessen, vom Ausbildungsgang und als Persönlichkeit war *Wiener* den konservativen Gelehrten, die den Wissenschaftsbetrieb beherrschten, verdächtig. Er war ein Außenseiter und mußte sich die offizielle Anerkennung durch außerordentliche wissenschaftliche Leistungen erkämpfen. In seiner Autobiographie beschrieb er seine damalige Situation so:

Als Ehemann vermochte ich einen Teil der Ablehnung, auf die ich in mathematischen Kreisen gestoßen war, zu mildern. Trotzdem bestanden die vielen Barrikaden, die gegen mich aufgerichtet worden waren, immer noch. *Birkhoff* hatte sein Vorurteil gegen mich zu einer Prinzipienfrage gemacht und sorgte dafür, daß viele akademische Angebote, die mir sonst vielleicht gemacht worden wären, an andere gingen. [1, S. 112–113]

Gerechterweise muß aber auch gesagt werden, daß *Wiener* sehr ungeduldig war und die einflußreichen Wissenschaftler oft bewußt verärgerte. Sein Standpunkt war zu dieser Zeit:

Wenn ich nicht willkommen bin, gut, dann will ich unwillkommen gefährlich sein. [3, S. 21]

Auch nach seiner Anstellung am M.I.T. unternahm *Wiener* viele Auslandsreisen. In den Jahren 1922, 1924 und 1925 besuchte er England, Frankreich und Deutschland. Im Jahre 1925 kam er auch wieder nach Göttingen. *Richard Courant*, international hochgeschätzt durch seine Arbeiten zur angewandten Mathematik, war jetzt der Chef der Göttinger Mathematik. Da *Wieners* Untersuchungen zur harmonischen Analyse und ihren Verallgemeinerungen und Anwendungen in Göttingen Aufmerksamkeit erregt hatten, schlug *Courant* vor, *Wiener* solle sich über die Guggenheimstiftung, so genannt nach der aus der Schweiz stammenden Milliardärsfamilie *Guggenheim*, um ein Stipendium für das nächste Jahr in Göttingen bewerben. Er könne dann in engem Gedankenaustausch mit führenden Gelehrten seine Forschungen weiterführen und Vorlesungen in deutscher Sprache halten. *Wiener* wurde von *Courant* auch gebeten, einen Anstandsbesuch bei *Felix Klein*, dem ersten Mann der Mathematik in Deutschland über Jahrzehnte, zu machen. *Wiener* hat diese Visite nach vielen Jahren beschrieben.

Ich ging hinauf und fand *Felix Klein* in seinem großen Arbeitszimmer, einem freundlichen, hohen, luftigen Raum mit Bücherregalen an den Wänden und einem großen Tisch in der Mitte, auf dem in geordneter Unordnung Bücher und offene Zeitschriften lagen. Der große Mann saß in einem Armsessel hinter dem Tisch, eine dicke Wolldecke über den Knien. Er trug einen Bart, hatte scharf geschnittene Züge, und es umschwebte ihn eine Aura von Altersweisheit. Er sprach mit edler Herablassung, wie ein König, und wenn er die großen Namen der Vergangenheit aussprach, hörten sie auf, bloße wesenlose Autoren wissenschaftlicher Abhandlungen zu sein, und wurden echte Lebewesen. Er strahlte eine Zeitlosigkeit aus, wie sie einem Manne, für den die Zeit keine Bedeutung mehr hatte, wohl anstand. Nachdem ich ihm einige Minuten respektvoll gelauscht hatte, merkte ich, daß ich verabschiedet wurde, wie das etwa bei Hofe geschehen mochte. [1, S. 87]

In Göttingen hielt *Wiener* einen Vortrag über seine Versuche zur Verallgemeinerung der harmonischen Analyse. Der Vortrag fand große Beachtung. Hier schon die späteren Arbeiten *Wieners* zu diesem Thema mitberücksichtigend, soll ein Eindruck von diesem auch gegenwärtig noch aktuellen Forschungsgebiet gegeben werden.
Die verallgemeinerte harmonische Analyse stellte eine Zusammenfassung und Verallgemeinerung scheinbar sehr unterschiedlicher Entwicklungen dar. Dazu gehörten die Theorie der Dirichletreihen und die Ergebnisse über fastperiodische Funktionen. Hinzu kam die damals auch neue Theorie der quasiperiodischen Funktionen. Dieses mathematische Gebiet hatte seinen Ursprung in der Himmelsmechanik. Einen erheblichen Einfluß auf die Frühgeschichte der verallgemeinerten harmonischen Analyse hatte die Periodogrammanalyse, die von *Arthur Schuster* im Jahre 1898 entwickelt wurde. Die Periodogrammanalyse ermöglicht das Auffinden versteckter Perioden einer Funktion. Sehr vereinfacht ausgedrückt bedeutet das: die Periodogrammanalyse stellt ein Hilfsmittel dar, in einer Folge „unregelmäßiger Daten“ festzustellen, ob sich nach bestimmten Zeitabständen gleiche oder sehr „ähnliche“ Erscheinungen wiederholen. Mit Hilfe der Periodogrammanalyse wurde es möglich, einige Erscheinungen der Meteorologie und allgemeiner der Statistik zu deuten. Ein wichtiges Arbeitsgebiet von *Schuster* war die Optik. Es gelang ihm, neben *Lord Rayleigh* und *Louis Georges Gouy*, einige wesentliche Fragen

der Theorie des weißen Lichts aufzuklären. Eine der zu lösenden Aufgaben formulierte *Rayleigh* so:

... (es) ist die Frage, ob sich ein definierter Typ von Impulsen denken läßt, der so beschaffen ist, daß eine willkürliche Ansammlung solcher Impulse die vollständige Strahlung repräsentiert. [5, S. 323]

Schon in der Wortwahl *Rayleighs* „willkürliche Ansammlung" und „vollständige Strahlung" wird die Beziehung dieser Aufgabenstellung zu Problemen der harmonischen Analyse wahrscheinlich. *Wiener* hat angeführt, daß neben den angedeuteten Fragen, Aufgaben der Turbulenztheorie und der mathematischen Beschreibung der Diffusion ebenfalls in die verallgemeinerte harmonische Analyse eingeflossen sind. Ergebnisse der mathematischen Korrelationstheorie, die wiederum durch Diffusionstheorie und durch Optik angeregt worden waren, wurden berücksichtigt. Zusammengefaßt beschrieb *Wiener* später diese einzelnen Einflüsse so:

In den späten zwanziger und frühen dreißiger Jahren wurde ich an der harmonischen Analyse kontinuierlicher Prozesse interessiert. Während die Physiker schon früher solche Prozesse betrachtet hatten, war die Mathematik der harmonischen Analyse beinahe immer auf die Untersuchung entweder periodischer Prozesse oder solcher, die in irgendeinem Sinne mit zunehmend größer werdender positiver oder negativer Zeit nach Null tendieren, beschränkt gewesen. Meine Arbeit war der erste Versuch, die harmonische Analyse kontinuierlicher Prozesse auf eine feste mathematische Grundlage zu bringen. [4, S. 260]

Wiener hatte seine Untersuchungen zur verallgemeinerten harmonischen Analyse konkret mit Fragen der mathematischen Spektroskopie, speziell der Deutung der Ergebnisse, die durch das Michelson-Interferometer erzielt werden können, begonnen. Er ging dann über zur Diskussion der Schwierigkeiten, die sich der harmonischen Analyse eines weißen Lichtsignals entgegenstellen. In den späten zwanziger Jahren begann er, die Spektralanalyse eines weißen Lichtsignals zu untersuchen. Als mathematische Methode versagte hier die klassische harmonische Analyse. *Wiener* sah sich veranlaßt, Ergebnisse der Gruppentheorie und der topologischen Räume in seine Betrachtungen einzubeziehen. Seine Arbeit führte nicht nur zu einer Reihe neuer Begriffe, vorwiegend in der Spektraltheorie, z. B. dem grundlegenden Begriff des „Spektrums einer Funktion" („Generalized harmonic analysis", 1930, S. 214), sondern gab auch eine Reihe von neuen Beweisen für bekannte Theoreme der klassischen harmonischen Analyse. *Wieners* Arbeiten stellten die erste Etappe der Entwicklung der verallgemeinerten harmonischen Analyse dar. Die nächste Etappe begann dann im Jahre 1940 mit den Arbeiten des französischen Mathematikers *André Weil.* Heute ist die verallgemeinerte harmonische Analyse ein wichtiges Hilfsmittel zur Lösung von Problemen der Funktionalanalysis, in der Theorie der Differentialgleichungen und in der mathematischen Physik.

Die wichtigsten Resultate der *Wiener*schen verallgemeinerten harmonischen Analyse sind in einer monumentalen Abhandlung mit dem Titel „Generalized Harmonic Analysis" (Acta mathematica 55 (1930), S. 111–258) niedergelegt. *Wiener* hatte sich lange nicht zur Veröffentlichung seiner Untersuchungen entschließen können. Im Jahre 1929 hielt er eine Reihe von Gastvorlesungen an der Brown-Universität in Providence (Rhode Island). Der an dieser Universität tätige hervorragende Mathematiker *Jacob David Tamarkin* überredete *Wiener* zur Veröffentlichung seiner Resultate und verbesserte die Abhandlung *Wieners* in stilistischer Hinsicht.

Soweit dieser Vorgriff auf die weitere wissenschaftliche Tätigkeit *Wieners.*

Wiener überlegte sich den Vorschlag *Courants*, beantragte ein Guggenheimstipendium und kehrte in die USA zurück. Das Stipendium wurde schnell gewährt, und *Wiener* reiste im Frühjahr 1926 wieder nach Europa. Nach einem kurzen Aufenthalt in England begab er sich nach Göttingen. Dort wurde er jetzt jedoch sehr frostig empfangen. *Wiener* hatte vor seiner Abreise ein Zeitungsinterview gegeben, dessen Inhalt geeignet war, die amerikanischen Geldgeber für die „Göttinger Mathematik" zu verärgern. *Courant* empfing *Wiener* dementsprechend kühl und gestattete ihm nur, in Göttingen inoffiziell zu arbeiten. Das hatte nichts mit der Wertschätzung der Person *Wieners* durch *Courant* zu tun. Er hielt *Wiener* immer noch für einen „außerordentlich begabten und kraftvollen" Mathematiker. Die unerfreuliche Situation brachte *Wiener* an den Rand eines Nervenzusammenbruchs. Es kam hinzu, daß *Birkhoff* etwa zur gleichen Zeit in Göttingen eintraf.

Wiener schob die Schuld an seiner mißlichen Situation völlig unberechtigterweise *Courant* zu. Leider brachte er gegenüber *Courant* auch später nicht die notwendige Objektivität auf und beschuldigte ihn des Plagiats. Und noch nach langer Zeit ließ er in den USA eine Novelle zirkulieren, in der ein Professor, seine Beschreibung wies auf

Courant, seine „Leute“ ausnutzte und ihnen ihre Ideen stahl. [9, S. 104–106, S. 120]
Trotz seiner mißlichen persönlichen Lage war der Aufenthalt in Göttingen für *Wiener* wissenschaftlich ein Erfolg. Zwei Arbeitsgebiete wurden ernsthaft in Angriff genommen, Tauber-Theoreme und Quantenmechanik. Beide Gebiete lagen völlig im Kreis der damaligen *Wiener*schen Interessen, und die Beschäftigung mit ihnen ist aus Problemen bereits behandelter Gebiete erwachsen. Einzelne Lücken in der sich „in Arbeit“ befindenden verallgemeinerten harmonischen Analyse vermochte *Wiener* nicht zu schließen. Ihm fehlten die mathematischen Kenntnisse dazu. In Göttingen machte ihn der amerikanische Mathematiker *Albert Edward Ingham* darauf aufmerksam, daß *Hardy* und *John Edensor Littlewood* ähnliche Schwierigkeiten in der analytischen Zahlentheorie durch eine Methode zu beseitigen versucht hatten, die sie als Methode der Tauber-Theoreme bezeichnet hatten. *Wiener* begann mit Intensität jetzt dieses Gebiet zu bearbeiten.
Im Jahre 1897 hatte der Wiener Mathematiker *Alfred Tauber* eine Arbeit mit dem Titel „Ein Satz aus der Theorie der unendlichen Reihen“ veröffentlicht. Mit dieser Arbeit war der Beginn einer Richtung der Analysis gesetzt, der durch Begriffe wie „Taubersche Asymptotik“ und „Taubersche Sätze“ gekennzeichnet ist. Die Tauberschen Sätze sind Umkehrsätze der Limitierungs- bzw. Summierungsverfahren.
Wiener erzielte nach nur kurzer Beschäftigung wichtige Resultate über Tauber-Theoreme. Das bedeutendste davon ist als „Wieners allgemeines Tauber-Theorem“ bekannt. Er schrieb nach weiteren ausführlichen Studien zwei Standardarbeiten über Taubersche Sätze. Es sind die Arbeiten: „Tauberian theorems“, (Ann. of Math. 33 (1932), 1—100), und „The Fourier integral and certain of its applications“ (Das Fourier-Integral und einige seiner Anwendungen), New York 1933. Die Beschäftigung mit den Tauber-Theoremen lenkte *Wiener* wenig später kurzzeitig auf einen, in seinem Gesamtwerk isoliert dastehenden Problemkreis, die analytische Zahlentheorie. Er versuchte mit Hilfe von Tauberschen Sätzen die berühmte Riemannsche Vermutung über die Nullstellen der Riemannschen Zetafunktion zu beweisen. Der Beweis mißlang. Bis zum heutigen Tag ist allerdings auch anderen Mathematikern kein vollständiger Beweis der Riemannschen Vermutung gelungen. *Wiener* erzielte jedoch

bei seiner Arbeit Vereinfachungen im Beweis des Satzes (1896) von *Hadamard-de la Vallée-Poussin* über die Verteilung der Primzahlen. *Wieners* Untersuchungen über Taubersche Sätze und ihre Anwendungen führten zwei der wenigen Schüler *Wieners*, *Sebastian Barkann Littauer* und *Schikao Ikehara*, weiter.
Auch *Wieners* Beschäftigung mit der Quantenmechanik war im wesentlichen auf die Jahre 1926 und 1927 beschränkt. Die einschlägigen Arbeiten von ihm sind teilweise mit dem später als Historiker der Mathematik bekannt gewordenen *Dirk Jan Struik* und dem bedeutenden Physiker *Max Born* verfaßt worden. *Wiener* setzte die Operatorenrechnung ein. Diese Idee fiel völlig aus dem Rahmen der damaligen mathematischen Behandlung der Quantenmechanik. *Born* war erst dementsprechend unsicher, aber auf Anfrage erklärte *Hilbert*, daß er diese Methode billige. Damit war das Verfahren sanktioniert. *Wiener* und seinen Mitarbeitern gelang es, über die Operatorenrechnung einen neuen Zugang zur Schrödinger-Form der Quantenmechanik zu erhalten. Mit seinen Untersuchungen lieferte *Wiener* einen Beitrag zum Nachweis der Gleichwertigkeit von Matrizenform und Schrödingergleichung und gab eine der noch heute verwendeten Formen der Quantenmechanik an. Die Beschäftigung mit der Quantenmechanik hatte für *Wiener* keine zentrale Bedeutung, und er empfand auch „nicht das Bedürfnis, sich mit einer Materie zu befassen, die bereits in so bewährten Händen lag" [1, S. 97]. *Wiener* schätzte den Wert seiner Untersuchungen zur Quantenmechanik rückblickend wie folgt ein.

> Unsere Arbeit war nicht von der Art, die in der Literatur großes Aufsehen erregt, sondern von der, die nach Jahren wiederentdeckt und ständiges, wenn auch begrenztes Interesse findet. [1, S. 109]

Eine Übersicht über das bisherige Lebenswerk *Wieners* ergibt nun, wiederum stark vereinfacht, folgendes Bild:
Es ist ersichtlich, daß die verallgemeinerte harmonische Analyse, auch bildlich, jetzt in das Zentrum der Übersicht gerückt ist (vgl. Schema 1). Eine Anzahl von Querverbindungen ist unberücksichtigt geblieben. Die Theorie der Zufallsprozesse hatte *Wiener* schon seit längerer Zeit in Arbeit. Sie soll erst bei der Besprechung der abschließenden Arbeiten *Wieners* zur Brownschen Bewegung ihre Würdigung finden.
Die mißliche Situation *Wieners* in Göttingen wurde auf unerfreuliche

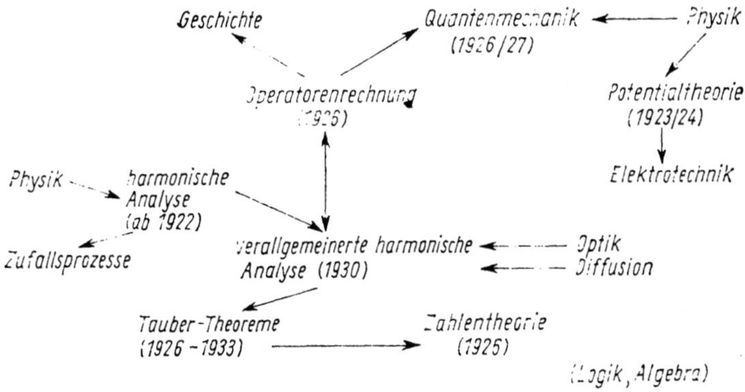

Schema 2. *Wieners* Werk bis 1930

Art schnell geändert. Kurz vor dem offiziellen Ende seines Studienaufenthaltes kamen die Eltern *Wieners* nach Göttingen. Sie erfuhren von dem Dilemma ihres Sohnes und versuchten selbstsicher, mit den deutschen Hochschulbehörden gegen *Courant* zu verhandeln. Das Ergebnis war nur neue Verärgerung bei der Leitung der Göttinger Universität. *Margaret Wiener* bereinigte die Lage. Sie kam nach Europa, *Wiener* holte sie in Le Havre ab, und man verbrachte einige Tage in den Niederlanden. Sie begleitete ihren Mann auch anschließend nach Göttingen. Von Göttingen aus begab sich die Familie *Wiener* in die Schweiz, dann nach Innsbruck und Italien. Auf der Rückreise kam es zu einem kurzen Aufenthalt in Düsseldorf. *Wiener* nahm dort an der 89. Tagung der Gesellschaft Deutscher Naturforscher und Ärzte teil. Er hielt in der Abteilung I, Mathematik und Astronomie, einen Vortrag über fastperiodische Funktionen. Nach kurzen Besuchen in Belgien begab man sich an die deutsche Ostseeküste. Anschließend ging es nach Kopenhagen weiter. Dort suchte *Wiener Harald Bohr* auf, um mit ihm ein Forschungsprogramm für die nächsten Wochen zu besprechen. *Harald Bohr* war unzweifelhaft Dänemarks bedeutendster Mathematiker und war besonders durch seine grundlegenden Untersuchungen über fastperiodische Funktionen zu internationalem Ruf gelangt. *Wiener* lernte auch den „wissenschaftlichen Nationalhelden“ Dänemarks, *Harald Bohrs* Bruder *Niels Bohr*, kennen. Den *Wieners* gefiel es in Kopenhagen sehr, es war dort gemütlich, und zugleich war die Stadt weltoffen. In Kopenhagen arbeitete *Wiener* an den Tauberschen Theoremen, zu zahlentheoretischen Problemen und zur harmonischen Analyse. Zu Anfang des neuen Jahres kehrten sie nach Amerika zurück.

Neben herben Enttäuschungen hatten die zwanziger Jahre für *Wiener* bisher viele persönliche Erfolge gebracht. Er war jetzt ein international geschätzter Gelehrter. Auch Lehrerfolge am M.I.T. hatten sich eingestellt. In seiner ersten Zeit am Institut hatte *Wiener* ein sehr großes Lehrprogramm, bis zu zwanzig Stunden in der Woche. Später reduzierte sich mit seinem beruflichen Aufstieg die Stundenzahl. *Wiener* hat seine Aufgaben in Lehre und Forschung eng verbunden gesehen: „Meine Arbeit galt der Forschung und der Einführung angehender Forscher in ihre eigentliche Tätigkeit." [1, S. 116] In diesem Sinne hat er später wenig Vorlesungen gehalten, sondern sich mehr auf Forschungsseminare mit teilweise sehr schwieriger Thematik konzentriert. Erst auf diesem Niveau war *Wiener* ein anregender Lehrer und konnte seinen vielen Ideen freien Lauf lassen. „Er war ein großartig schlechter Dozent." [38, S. 344] Seine ersten Doktoranden hatte *Wiener* nach der Rückkehr aus Europa im Jahre 1927. Unter diesen ragten der Chinese *Yuk Wing Li* und der Japaner *S. Ikehara* heraus. *Li* wurde später einer der bedeutendsten Forscher auf dem Gebiet der theoretischen Elektrotechnik. Er verkörperte das Forscherideal, das *Wiener* vorschwebte. Die Arbeit eines Mathematikers soll eine „Synthese zwischen reiner und angewandter Mathematik" darstellen. [1, S. 116]

Durch die Auslandsreisen hatte *Wiener* seinen Blick für die innenpolitische Entwicklung der Vereinigten Staaten geschärft. In den USA wurde die Lage durch die Krisen 1920/21, die „Coolidge-Prosperity" (benannt nach dem amerikanischen Präsidenten *Calvin Coolidge*), die Vorläufer der Weltwirtschaftskrise 1929 bis 1933 und die dann einsetzende Politik des „New Deal" (Neuverteilung) unter der Präsidentschaft von *Franklin Delano Roosevelt* bestimmt. Brachte die Krise zu Anfang der zwanziger Jahre schon eine Arbeitslosenzahl von 4,75 Millionen und einen Produktionsrückgang um 29 %, so führte die Weltwirtschaftskrise auf dem Höhepunkt (1932) zu einem Rückgang der Produktion um 46,2 % und zu über 18 Millionen Arbeitslosen. Die Lage der arbeitenden Klassen war in den Perioden der Krisen katastrophal. Die Zeit war gekennzeichnet durch staatskapitalistische Maßnahmen, durch eine Militarisierung des gesamten Lebens und durch das Aufkommen der politischen Reaktion. Wie die Reaktionäre sich die Lösung der sozialen Fragen vorstellten, zeigte der Justizmord an *Nicola Sacco* und *Bartolomeo Vanzetti* am 23. 8. 1927. Auch im Hochschulbereich machten sich Konjunktur und Krise nicht nur in den Gehältern der Gelehrten bemerkbar, sondern auch in der moralischen Haltung vieler Wissenschaftler. Sie interessierten sich mehr für Aktienkurse als für ihre Arbeit. *Wiener* war in der Beurteilung der Zeit sehr kritisch.

Ich habe niemals so recht an die Hochkonjunktur geglaubt ... Zu viele der Werte waren Papierwerte, die, wie selbst ich damals erkannte, über Nacht zerrinnen konnten ... Mit den Scheinwerten geldlicher Art hingen eine ganze Reihe moralischer Scheinwerte zusammen ... [1, S. 114] So führten uns der Fall *Sacco* und *Vanzetti*, die Scheinkonjunktur und die anschließende Wirtschaftskrise, die fast ebenso Schein war, mehr und mehr zur Besinnung auf uns selbst und auf unsere wahre Aufgabe, die akademische Arbeit. [1, S. 116]

Auch in Amerika verlor *Wiener* nicht den Kontakt zu europäischen Kollegen. Viele europäische Gelehrte kamen zu Arbeitsbesuchen in die Vereinigten Staaten. Das Sommersemester des Studienjahres 1931/32 verbrachte *Wiener* wieder in Europa, in Cambridge (England). Er hörte Vorlesungen bei *Hardy* und nahm an einem Seminar von *Littlewood* teil. Gegen Ende des Semesters wandte *Hardy* eine merkwürdige Sitte an, die an dieser Universität aber von alters her üblich war. Danach kann ein Professor seine Vorlesungen von einem Stellvertreter halten lassen. *Wiener* las also über seine eigenen Untersuchungen zum Fourierschen Integral. Als sich der Aufenthalt in England dem Ende näherte, erhielt *Wiener* eine Anzahl von Einladungen ausländischer Kollegen, zu Gastvorlesungen zu ihnen zu kommen. Er hielt Vorlesungen in Hamburg, besuchte Berlin und reiste dann nach Prag. Die Rückreise führte ihn über Leipzig wieder nach Cambridge. Von Cambridge aus besuchte *Wiener* den Internationalen Mathematikerkongreß in Zürich. Er vereinte Mathematiker aus vierzig Ländern. *Wiener* erntete auf dem Kongreß viel Anerkennung und führte den Vorsitz auf einer Gruppentagung. Er traf den jungen englischen Mathematiker *Raymond Edward Alan Christopher Paley*, der sich für das nächste Jahr in Cambridge (Mass.) ankündigte. Nur wenige Monate nach *Wieners* Rückkehr in die USA traf *Paley* ein, und es entwickelte sich eine schöpferische Zusammenarbeit. *Paley* war eine außerordentliche Persönlichkeit und liebte das gefährliche Leben. Bei einem seiner tollkühnen Skiausflüge verunglückte er bei Banff (Alberta/Kanada) tödlich. In seinem Nachruf auf *Paley* schrieb *Wiener*:

... keiner hatte die mathematische Technik höher entwickelt als *Paley*. Trotzdem ist er nicht in erster Linie ein Formalist gewesen. Mit dieser Fähigkeit war eine kreative Macht erster Ordnung verbunden ... Sein früher Tod ist ein unersetzlicher Verlust für die Mathematik. [8, S. 476]

Erst nach *Paleys* Tod erschien das gemeinsam von *Wiener* und *Paley* verfaßte Buch „Fourier transforms in the complex domain" (Fouriertransformationen im komplexen Gebiet) (Amer. Math. Soc. Colloq. Publ., Vol. 19, Providence (R.I.)), 1934. Das bekannte Standardwerk faßte *Wieners* und *Paleys* Untersuchungen über die harmonische Analyse zusammen und bildete den Abschluß von *Wieners* mathematischen Untersuchungen zur Brownschen Bewegung. Die Brownsche Bewegung nahm in *Wieners* Gesamtwerk einen sehr bedeutenden Platz ein und soll hier kurz dargestellt werden.
Das Phänomen der Brownschen Bewegung war im Jahre 1827 durch den schottischen Botaniker *Robert Brown* entdeckt worden. Er hatte unter dem Mikroskop beobachtet, daß sich in einer wäßrigen Lösung befindliche Pollenkörper ständig und unregelmäßig bewegen, ohne daß eine äußere Energiezufuhr vorliegt. Die Deutung dieses Effekts hatte *James Clerk Maxwell* versucht, aber erst *Albert Einstein* hatte im Jahre 1905 die Lösung gefunden. Er wies nach, daß die Brownsche Bewegung eine Schwankungserscheinung ist, die durch die Wärmebewegung der Teilchen des „Lösungsmittels" zustande kommt. Durch ihre ständige Bewegung stoßen die Teilchen des „Lösungsmittels" die suspendierten Teilchen in der Lösung umher. Die thermodynamische Deutung der Brownschen Bewegung durch *Einstein* gehört zu den größten Leistungen der Physik unseres Jahrhunderts. Sie hatte große wissenschaftliche Auswirkungen. Die Brownsche Bewegung wirkt der Sedimentation, dem Ansammeln der festen Teilchen am Boden, entgegen. In der Flüssigkeit stellt sich ein stationäres Sedimentationsgleichgewicht ein. Wenn die Temperatur und die Anzahl der Teilchen in der Flüssigkeit konstant bleiben, befindet sich im Mittel in einer bestimmten Höhe der Flüssigkeit eine konstante Anzahl von Teilchen. Unter Ausnutzung dieser Tatsache gelang es dem französischen Physiker *Jean Perrin*, die Avogadrosche Zahl (Loschmidtsche Zahl $N_L = 6{,}023 \cdot 10^{23}\,\mathrm{mol}^{-1}$) zu bestimmen. Mit der *Perrin*schen Untersuchung war die angezweifelte Existenz der Atome auf „anschaulichem Wege" nachgewiesen worden. Dieses Ergebnis hatte philosophisch eine außerordentliche Bedeutung. Die Resultate *Perrins* sind in seinem berühmten Buch „Les Atomes"

(1912) niedergelegt. In dem Buch machte *Perrin* auch die interessante Bemerkung, daß die Kurve der Bewegung eines „Brownschen Teilchens" an eine stetige nichtdifferenzierbare Kurve erinnert. Die Zeit zwischen merklichen Bewegungsänderungen eines solchen Teilchens liegt in der Größenordnung von 10^{-8} s. Für die Beobachtung der Bewegung ist das zu schnell. Man kann deshalb nur Punktlagen zu bestimmten Zeiten festhalten. Wenn diese Punktlagen willkürlich durch gerade Linien verbunden werden, ergibt sich beispielsweise das folgende Bild für die Bewegung eines Teilchens:

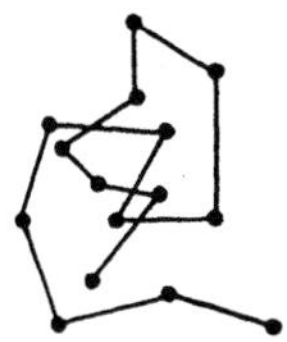

Schema 3. Brownsche Bewegung

Die Behauptung *Perrins* über die Bewegung eines „Brownschen Teilchens" warf eine alte Frage der Mathematik neu auf. Die Mathematiker *Bernard Bolzano, Bernhard Riemann* und *Karl Weierstraß* hatten stetige, aber nirgends differenzierbare Funktionen konstruiert. Anschaulich sind solche Funktionen nicht vorstellbar. Es war seither ein ungelöstes Problem, ob solche Funktionen wirklich nur „pathologische Gebilde" sind oder ob ihnen ein „real-anschaulicher" Gegenstand entspricht.

Als *Wiener* 1913 nach Cambridge kam, um bei *Russell* zu studieren, wies ihn dieser nicht nur auf *Perrins*, sondern auch auf *Einsteins* Schriften hin. *Wiener* beschäftigte sich mit diesen Schriften, und ihn fesselten vor allem zwei Fragen: 1. Wie kann man die Brownsche Bewegung mathematisch beschreiben? 2. Welche Anwendungen würde eine mathematische Theorie der Brownschen Bewegung erlauben? Als mathematisches Mittel zur Beschreibung der Brownschen Bewegung boten sich fast zwangsläufig die Fourierreihen an. Die Untersuchungen zur Brownschen Bewegung blieben, mathematisch gesehen, durchaus im Kreis der bisherigen mathematischen Interessen *Wieners*. Für den eindimensionalen Fall seien einige Ergebnisse *Wieners* angeführt:

1. das Brownsche Teilchen wird jeden Punkt $(a, 0)$ früher oder später in irgendeinem vom Zufall abhängenden Zeitpunkt erreichen;

2. das Brownsche Teilchen kehrt unendlich oft in seinen Ausgangspunkt zurück;
3. die Bahnkurve eines Brownschen Teilchens nimmt ihre extremen Werte mit großer Wahrscheinlichkeit in der Nähe des Anfangs- oder Endpunktes des betrachteten Intervalls an.

Für den realen dreidimensionalen Fall sind die Aussagen entsprechend verwickelter. Der Prozeß einer Brownschen (Standard-) Bewegung wird heute als (eindimensionaler) Wienerscher Prozeß bezeichnet. Dieser nimmt in der Theorie der stochastischen Prozesse eine zentrale Stelle ein. Auf die Verallgemeinerungen des eindimensionalen Wienerprozesses soll hier nicht eingegangen werden.

Die Bedeutung der *Wiener*schen Untersuchungen zur Brownschen Bewegung wird ersichtlich, wenn man berücksichtigt, daß über den Typ dieser Bewegung solche verschiedenartigen Prozesse wie Wärmeleitung, Transport elektrischer Ladungen, Strahlungstransport, Vorgänge im Kernreaktor, chemische Reaktionen usw. mathematisch erfaßt werden können. Beispielsweise ist die Anzahl der Elektronen, die in einem Leiter an einem bestimmten Punkt vorbeigekommen sind, nach den Gesetzen der Brownschen Bewegung verteilt. Diese Unregelmäßigkeit des Elektronenflusses ist sehr bedeutsam in der Nachrichtentechnik. Es kommt durch diesen sogenannten Schroteffekt zu Störungen. Andererseits kann man den Schroteffekt zum Bau von bestimmten Generatoren ausnutzen, die das Studium beliebiger statistischer Kurven ermöglichen.

Die Untersuchung der Brownschen Bewegung gab *Wiener* Veranlassung, den Wienerschen Integral- und Maßbegriff einzuführen. Diese Begriffe sind schwierig zu erläutern und sollen deshalb hier nicht weiter ausgeführt werden. Die *Wiener*schen Untersuchungen zur Brownschen Bewegung lieferten zusätzlich relativ einfache Verfahren zur Modellierung einzelner Klassen zufälliger Prozesse. Die Beschäftigung *Wieners* mit der Brownschen Bewegung und ihrer Verallgemeinerungen stellt sich chronologisch wie folgt dar. Gleichermaßen damit wird eine Übersicht über ein Teilgebiet der Beschäftigung *Wieners* mit der Wahrscheinlichkeitsrechnung gegeben. Begriffe der Wahrscheinlichkeitsrechnung dienten mit zur Definition des Wienerschen Maßes und des Wienerschen Integrals.

In seiner Maß- und Integrationstheorie war *Wiener* direkt von Arbeiten des englischen Mathematikers *Percy John Daniell* über das „Daniellsche Integral“ (1918, 1919) ausgegangen. In seinen wahrscheinlichkeitstheoretischen Untersuchungen war *Wiener* ein Außenseiter. Das wird schon daran erkennbar, daß er die klassische Nomenklatur vermied und ebenfalls viele klassische Resultate verschmähte.

Wieners erste Schrift zur Brownschen Bewegung war „The mean of a functional of arbitrary elements" (Das Mittel eines Funktionals von willkürlichen Elementen) (Ann. of Math. (2) 22 (1920), 66–72). *Wiener* erläuterte in dieser Arbeit, daß die Brownsche Bewegung durch Methoden der Wahrscheinlichkeitsrechnung beschrieben werden kann. Er konstruierte ein Modell der Brownschen Bewegung und definierte das Wienersche Maß. Die Arbeit „Differential space" (Differentialraum) (J. Math. and Phys. 2 (1923), 131–174) lieferte die erste exakte Beschreibung des Wienerschen Prozesses. Die schon erwähnte Arbeit *Wieners* mit *Paley*, erschienen im Jahre 1934, bildete den Abschluß der theoretischen Behandlung der Brownschen Bewegung. Einige weniger zentrale Arbeiten *Wieners* zu diesem Gebiet sind in der Übersicht ausgelassen worden.

Mit seinen Arbeiten zur Brownschen Bewegung und zu verwandten Fragen ist *Wiener* neben *Lévy* und *Andrei Nikolaevič Kolmogorov* zu einem der Begründer der Theorie der stochastischen Prozesse geworden.

Etwa um das Jahr 1943 nahm *Wiener* Kontakt mit einer Wissenschaftlergruppe auf, die sich um den mexikanischen Physiker *Manuel Sandoval Vallarta* in Cambridge (Mass.) geschart hatte. *Vallarta* machte *Wiener* mit seinem Landsmann, dem Physiologen *Arturo Rosenblueth*, bekannt. *Rosenblueth* war Mitarbeiter des berühmten Physiologen *Walter Bradford Cannon* an der Harvard-Universität. Zwischen *Wiener* und *Rosenblueth* entwickelte sich eine enge Freundschaft. *Rosenblueth* leitete ein Seminar über wissenschaftliche Methodik, an dem sich *Wiener* mit großem Einsatz beteiligte.

Am Ende war das Thema der vielen Diskussionen, die *Rosenblueth* und ich privat und in unserem Seminar geführt hatten, die Anwendung der Mathematik und besonders der Informationstheorie auf physiologische Methoden. Wir entwarfen einen Plan zu gemeinsamen Bemühungen auf diesen Gebieten in künftigen Zeiten einer möglichen engeren Zusammenarbeit. [1, S. 149]

Zu dieser angestrebten Zusammenarbeit wird es jedoch erst zehn Jahre später kommen. Die Entwicklung der politischen Verhältnisse forderte von *Wiener* die Lösung anderer Aufgaben.

4. DIE FASCHISTISCHE GEFAHR. DER ZWEITE WELTKRIEG

Der bedeutende Mathematiker *Leon Lichtenstein* war ein Vetter *Wieners*. *Lichtenstein*, der in Leipzig wirkte, war der Hauptvertreter der Potentialtheorie seiner Zeit und hatte auch sehr erfolgreich über Differentialgleichungen, Integralgleichungen, Hydrodynamik und theoretische Astronomie gearbeitet. Durch seine Arbeiten zur Potentialtheorie war für *Wiener* der Wissenschaftler *Lichtenstein* ein Begriff. *Wiener* kannte dem Namen nach auch einen Verwandten *Leon Lichtenstein*, brachte aber beide Tatsachen zunächst nicht in Verbindung. Erst durch den Brief einer Tante wurde *Wiener* auf die naheliegende Verbindung beider Tatsachen gebracht. *Wiener* schrieb kurzerhand an *Lichtenstein* – dieser war damals Herausgeber der „Mathematischen Zeitschrift" – und erhielt die Bestätigung der verwandtschaftlichen Beziehungen. Im Jahre 1924 hatten sich *Wiener* und *Lichtenstein* auch persönlich kennengelernt. *Lichtenstein* war jüdischen Glaubens und wurde 1933 aus seinem Lehramt an der Leipziger Universität vertrieben. Nachfolger *Lichtensteins* in Leipzig wurde *Eberhard Hopf*. *Wiener* kannte *Hopf* sehr gut.

Hopf, ein Deutscher und der rassischen Herkunft nach selbst im Hitler-Deutschland „tragbar", war ursprünglich ein Gegner *Hitlers* gewesen oder hatte zumindest mit den Opfern der Nazi-Willkür sympathisiert. [1, S. 18]

Hopf, mit seiner damaligen Stellung am M.I.T. unzufrieden, kehrte bald nach der faschistischen Machtergreifung nach Deutschland zurück. *Wiener* war tief betroffen.

Die Namen von *Wiener* und *Hopf* sind untrennbar in der Wiener-Hopf-Gleichung verbunden. 1931 hatten *Wiener* und *Hopf* diesen Integralgleichungstyp erstmals betrachtet. Die Gleichung hat große Bedeutung in der Astrophysik und bei der Behandlung von Beugungsproblemen erlangt. Durch *Hopf* war *Wiener* auch an Fragen der Ergodentheorie herangeführt worden. Die Ergodentheorie untersucht das Verhalten dynamischer Systeme und Strömungen. Sie ist „die Theorie vom Verlauf der Bewegungen mechanischer Systeme, allgemeiner der ‚Stromlinien' stationärer ‚Strömungen' im großen". (*E. Hopf*, 1937.) *Wiener* diskutierte mit *Hopf* Fragen der Ergodentheorie, als dieser mit der Abfassung seines berühmten Buches „Ergodentheorie" [11] beschäftigt war, und arbeitete in den Jahren

1938/39 selbst auf diesem Gebiet. *Wiener* erkannte die zentrale Bedeutung des individuellen Ergodensatzes von *Birkhoff* für den Aufbau der statistischen Mechanik im Sinne seines berühmten amerikanischen Landsmannes *Josiah Willard Gibbs*. *Wiener* gelang es, die verschiedenen Ergodensätze einheitlich zu behandeln und zu verallgemeinern. Ein wichtiges Ergebnis seiner Untersuchungen war der „dominierende Ergodensatz" von *Wiener*. Ein wichtiges Hilfsmittel der Ergodentheorie ist wiederum die Spektralanalyse. Die Ergodensätze sind grundlegend für die physikalische Statistik und diese ermöglicht überhaupt erst viele konkrete praktische Berechnungen in der Physik (Thermodynamik, Lichtausbreitung, Atomkerne, Festkörperphysik u. a.).

Durch das Schicksal von *Lichtenstein* und durch das Verhalten von *Hopf* wurde *Wiener* mit der faschistischen Ideologie konfrontiert. Viele jüdische Mitbürger aus der persönlichen Umgebung *Wieners* sahen die faschistische Gefahr als nicht sehr groß an. Diese Einstellung änderte sich bei vielen, als der Strom der intellektuellen Flüchtlinge aus Europa einsetzte und die Greueltaten aus dem faschistischen Deutschland bekannt wurden. *Wiener* und viele seiner Kollegen leisteten den Emigranten tätige Hilfe und verschafften ihnen brauchbare Stellungen in den USA. Den gesellschaftlichen Hintergrund der faschistischen Ideologie hat *Wiener* nie vollständig erkannt. Er lehnte sie ebenso wie die Aktivitäten der militanten zionistischen Bewegung ab.

Das akademische Jahr 1933/34 brachte für *Wiener* die höchste Auszeichnung der Amerikanischen Mathematischen Gesellschaft, den Bôcher-Preis. *Wiener* erhielt den Preis, benannt nach dem amerikanischen Mathematiker *Maxime Bôcher*, geteilt mit *Marston Morse*, für seine Arbeiten über Tauber-Theoreme und über verallgemeinerte harmonische Analyse. Eine ähnlich hohe Würdigung der wissenschaftlichen Leistungen *Wieners* durch die amerikanischen Mathematiker war die Aufforderung, die Colloquium Lectures auf der Jahresversammlung der Amerikanischen Mathematischen Gesellschaft im Jahre 1934 in Williamstown (Massachusetts) zu halten. Das Thema der Vorträge Wieners lautete: „Fourier transforms in the complex domain". Diese verdienten Ehrungen warfen für *Wiener* erneut die Frage seiner Stellung zur American Mathematical Society auf. Einerseits verdächtigte er viele ihrer Mitglieder des Ämterschachers, andererseits freute er sich über jede Anerkennung von offizieller Seite. Im Jahre 1937 wurde *Wiener* Vizepräsident der Amerikanischen Mathematischen Gesellschaft. Bereits vorher war er zum Mitglied der National Academy of Sciences gewählt worden. Über die Akademie der Wissenschaften hatte *Wiener* trotzdem eine sehr schlechte Meinung:

Im Laufe der Jahre war ihre staatliche Bedeutung nach und nach hinter ihrer sekundären Bedeutung zurückgegangen, jene amerikanischen Wissenschaftler zu benennen, die als „anerkannt" gelten konnten. Es hat immer eine ganze Menge innerer Machenschaften um die Wissenschaft gegeben, und das war mir immer verhaßt. Das Gebäude der National Academy war für mich das treffende Wahrzeichen selbstgefälliger Anmaßung, eines Gelehrtentums mit Frack und Orden, und nach einer kurzen Zeit, während der meine Wißbegierde hinsichtlich des Wesens der Bonzen der Wissenschaft in reichem Maße befriedigt wurde, schied ich wieder aus. [1, S. 153]

In seiner Lehrtätigkeit am M.I.T. brachte *Wiener* das Studienjahr 1933/34 viel Freude. Unter den immatrikulierten Studenten fiel besonders *Claude Elwood Shannon* auf. *Shannon* wurde wenige Jahre später zu einem der Begründer der Informationstheorie, zu einem der führenden Köpfe, „die hinter unserem Zeitalter der elektronischen Rechengeräte und der automatisierten Fabrik stehen" [1, S. 155]. Zu den Studenten des Jahres 1933/34 gehörten auch *William Ted Martin* und *Robert Horton Cameron*. Beide setzten die *Wiener*schen Untersuchungen zur Brownschen Bewegung auf einer neuen Stufe fort. Am meisten war *Wiener* aber an der Entwicklung von *Norman Levinson* interessiert. *Levinson* wurde von *Wiener* sehr gefördert, aber wissenschaftlich auch stark gefordert. *Wiener* schrieb:

Levinson hatte schon in sehr jungen Jahren Forschung für mich durchgeführt und sogar schon vor seiner Bakkalaureatsarbeit eine Arbeit von mir übernommen, die eine Erweiterung der Theorie der Fourierschen Reihen bedeutete, und sie bis zur äußersten Grenze vorangetrieben. [1, S. 156]

Und in seinem Nachruf auf *Wiener* bemerkte Levinson:

Ich wurde im September 1933 mit *Wiener* bekannt, als ich Student der Elektrotechnik war und mich in seinen Promotionskurs einschrieb ... Sobald ich etwas Verständnis zeigte, ... überreichte er mir das Manuskript von *Paley-Wiener* zur Durchsicht. Ich fand eine Lücke in einem Beweis und bewies ein Lemma, um diese Lücke auszufüllen. Daraufhin setzte sich *Wiener* an seine Schreibmaschine, tippte mein Lemma, fügte meinen Namen hinzu und schickte (das Geschriebene) an ein Journal.

Ein prominenter Professor stellt nicht oft den Sekretär für einen jungen Studenten dar. [3, S. 25]

Wiener überzeugte *Levinson*, das Studium der Elektrotechnik aufzugeben und sich der Mathematik zuzuwenden. Da *Levinson* in sehr einfachen Verhältnissen in einer Art Ghetto lebte — seine Eltern waren ungeschulte emigrierte Arbeiter —, besuchte *Wiener* die Eltern, um ihnen die Überzeugung zu geben, daß ihr Sohn eine große Zukunft auf mathematischem Gebiet vor sich habe. *Wiener* verschaffte *Levinson* auch ein Stipendium und schickte ihn zum Studium zu *Hardy* nach Cambridge (England). *Levinson* hat alle die in ihn gesetzten großen Erwartungen erfüllt und wurde „eine Säule der mittleren Forschergeneration". [1, S. 156]

Etwa zu dieser Zeit geriet *Wiener* in eine wissenschaftliche Krise. Er arbeitete über harmonische Analyse und über Wahrscheinlichkeitsrechnung, konnte aber keine durchgreifenden Ergebnisse erzielen. *Wiener* begann, an seinen mathematischen Fähigkeiten zu zweifeln. Er verbreitete um sich ein Klima der Mutlosigkeit. Die Konsultation eines Psychiaters half ihm, seinen Lebensmut wiederzufinden. Auch später war *Wiener* in der Bewertung seiner wissenschaftlichen Resultate oft sehr unsicher. Sein Gemütszustand konnte oft am besten mit „himmelhochjauchzend, zu Tode betrübt" charakterisiert werden (persönl. Mitteilung von Prof. *D. J. Struik*, 1979).

Wieners Schüler *Li* hatte seine Professur für Elektrotechnik an der Tsing-Hua Universität von Peking erhalten, und er erwirkte für *Wiener* eine Gastprofessur in Peking für das Studienjahr 1934/35. *Wiener* war begeistert, hatte aber auch berechtigte Befürchtungen wegen der Stabilität der politischen Lage in diesem Teil der Erde. Seit 1928 gehörte Peking zum Einflußbereich der Tschiang-Kai-Schek-Truppen. Es drohte eine japanische Invasion. In den Jahren 1931 bis 1932 hatten japanische Truppen bereits Nordostchina besetzt. Der offene Krieg zwischen China und Japan begann aber erst im Jahre 1937. Seit 1933 tobte der Kampf zwischen der chinesischen Roten Armee und den Truppen der Guomindang. Die politische Situation war also sehr kompliziert. *Wiener* erfüllte die bevorstehende Reise trotzdem mit „wahrer Begeisterung".

Wiener reiste nach Peking mit seiner Familie. Die ersten Tage des Aufenthalts waren mit organisatorischen Dingen ausgefüllt. Dann begannen die Vorlesungen an der Universität. Die Nationale Tsing-Hua-Universität war nicht die einzige Universität Pekings. Sie war

1909 gegründet worden und hatte nur etwa tausend Studenten. Der Vorlesungsbetrieb war zweisprachig, viele Vorlesungen wurden in Englisch gehalten. *Wiener* hielt Vorlesungen über die verallgemeinerte harmonische Analyse und über den Inhalt des Buches „Fourier transforms in the complex domain". Auch die mathematische Forschungsarbeit kam nicht zu kurz. *Wiener* beschäftigte sich mit den quasianalytischen Funktionen. Wesentliche Vorarbeit hatte hier die französische Mathematikerschule, besonders *Szolem Mandelbrojt*, geleistet. Daneben führten *Li* und *Wiener* Untersuchungen zum Aufbau von Stromkreisen durch. Sehr instruktiv waren Versuche zur Konstruktion von Feedback-Geräten (Geräten mit Rückkopplung). Das Leben in Peking war natürlich nicht nur mit Arbeit ausgefüllt. Viel Zeit nahm das Studium der fremdartigen Umgebung in Anspruch.

Nach Abschluß des Aufenthaltes in Peking ging die Rückreise mit Zwischenaufenthalt in Nanking nach Europa per Schiff weiter. Besucht wurden Hongkong und Kairo. *Wiener* ging in Marseille von Bord des Schiffes, die Familie fuhr nach London weiter. Er begab sich nach Clermont-Ferrard, arbeitete mit *Mandelbrojt* und setzte dann seine Reise nach London fort. Nach einem Besuch in Dänemark ging es nach Oslo weiter. Der Anlaß der Reise nach Oslo war der Internationale Mathematikerkongreß, der 1936 in der norwegischen Hauptstadt stattfand. An der Konferenz nahmen fast fünfhundert Mathematiker aus 36 Staaten teil. *Wiener* gehörte der amerikanischen Delegation an, vertrat aber offiziell die Tsing-Hua Universität. *Wiener* sprach in der Gesamtversammlung am 18. Juli über die Eigenschaften gewisser Reihenentwicklungen. Der Vortrag wurde in die Kongreßmaterialien aufgenommen. Fast symbolischen Charakter hatte es, daß die Redner vor *Wiener Stefan Banach* und *Maurice Fréchet* waren. Von Oslo kehrte *Wiener* über London in die USA zurück.

Wiener hat die Zeit seiner Chinareise, also 1935, als eine entscheidende Zeitepoche seines Lebens angesehen:

Meine wissenschaftliche Laufbahn hatte den Punkt erreicht, an dem meine Leistungen unumstritten waren ... Ich hatte begonnen, die Erfüllung meiner Arbeit nicht nur in einer Anzahl bedeutsamer unzusammenhängender Untersuchungen zu sehen, sondern in einem Standpunkt und einem Wissensstoff, an dem man nicht mehr vorübergehen konnte. Wenn ich sagen sollte, wo in meiner Laufbahn die Grenze zwischen meiner „Gesellenzeit" in der Wissenschaft und dem Wirken als ein in gewissem Grade unabhängiger „Meister“ meines Faches verläuft, würde ich das Jahr 1935 ... als diesen Wendepunkt bezeichnen. [1, S. 179]

Die politische Lage verschlechterte sich schnell. In der Anfangsphase des zweiten Weltkrieges blieben die Vereinigten Staaten formal neutral (Neutralitätsgesetz vom 5. 9. 1939). Erst am 7. 12. 1941, nach dem japanischen Überfall auf Pearl Harbor (Hawaii), traten die USA in den zweiten Weltkrieg ein. Die amerikanische Wirtschaft nahm durch den Krieg einen gewaltigen Aufschwung. Kriegsfolgen waren in den USA lange Zeit kaum bemerkbar. Erst 1944 nahmen auch die Verluste der USA zu. Gegen Ende des Krieges verstärkten sich wiederum die rektionären Tendenzen; nach dem Antritt der Präsidentschaft durch *Harry S. Truman* setzte sich der aggressive außenpolitische Kurs völlig durch.
Wiener reagierte wie viele Amerikaner in dieser Zeit auf den Krieg mit außerordentlicher Ratlosigkeit, fand aber den japanischen Überfall auf Pearl Harbor auch nicht sonderlich überraschend. Seit 1940 wurde *Wiener* in die militärische Forschung einbezogen. Einige seiner damaligen Forschungsaufgaben sollen im folgenden gestreift werden.

4.1. Die Vorhersagetheorie

Ursprünglich hatte *Wiener* gedacht, sich Fragen der mathematischen und der mechanischen Entschlüsselung von Nachrichten zuzuwenden. Es stellte sich jedoch heraus, daß die Behandlung solcher Probleme nicht sehr gefragt war. Er fand jedoch ein geeignetes Arbeitsgebiet in der Konstruktion von Feuerleitgeräten für die Flugzeugabwehr. Seit August 1940 setzte die erste Phase des verschärften Luftkrieges der faschistischen Luftwaffe gegen Großbritannien ein. Die britische Flugzeugabwehr war diesen Angriffen kaum gewachsen, und die Verluste an Menschen und Produktionseinrichtungen waren in England sehr hoch. *Wiener* schrieb über diese Situation Englands im Jahre 1949:

Bei Kriegsbeginn bestand unsere größte Aufgabe darin, England vor dem vollständigen Zusammenbruch durch die überwältigenden Luftangriffe zu bewahren. Dementsprechend war eines der ersten Objekte unserer wissenschaftlichen Kriegsanstrengungen das Flakgeschütz, besonders in Verbindung mit der Flugzeugpeilung durch Radar oder ultrakurze Hertzsche Wellen. [22, S. 160]

Um die Größenordnung der jetzt einsetzenden Forschung zu veranschaulichen, sei erwähnt, daß nur für Neuentwicklungen auf dem Gebiet der Radarforschung in den Jahren 1941 bis 1945 2,7 Milliarden Dollar von den USA bereitgestellt wurden. Die Aufgabe, der sich *Wiener* zuwandte, kann ungefähr so beschrieben werden: Wenn man auf den beobachteten Ort eines Flugzeugs schießt, wird man es bestimmt nicht treffen. Um einen Treffer zu erzielen, muß man das Geschütz auf einen zukünftigen Ort des Flugzeugs richten, um den Schuß so auszulösen, daß Geschoß und Flugzeug an dem vorhergesagten Ort zusammentreffen. Man hat also eine „Vorhersage der künftigen Position eines Flugzeugs auf der Grundlage eines allgemeinen statistischen Wissens über seine unmittelbare Vergangenheit" abzugeben (*N. Wiener*, 1950). Wie *Wiener* dieses Extrapolationsproblem mathematisch behandelte, soll nur angedeutet werden. Eingesetzt wurde die Theorie der Zeitreihen in Verbindung mit Wahrscheinlichkeitsrechnung und harmonischer Analyse.

Nun soll *A* irgendeine Funktion der zukünftigen Werte von *t* sein, d. h. von Argumenten, die größer als 0 sind. Dann können wir die gemeinsame Verteilung von ($a_1, a_2, \ldots, a_n$, *A*) aus der Vergangenheit fast jedes einzelnen Zufallsprozesses bestimmen ... Wenn speziell die $a_1, \ldots, a_n$ alle gegeben sind, können wir die Verteilung von *A* bestimmen. [4, S.114]

(Die a_i sind die durch „Beobachtung" gewonnenen Daten des vorliegenden Zufallsprozesses.)
Hat man die Verteilung von *A* bestimmt, so „kennt" man die Zukunft. Man kann das Geschütz richtig ausrichten. Um diese Theorie der Flugzeugabwehr in der Praxis wirksam werden zu lassen, sind noch einige wesentliche Dinge zu bedenken. 1) Die „Trägheit" der menschlichen Sinne erzwingt den Einsatz automatischer Steuerungsgeräte. Es muß ein sinnvolles Zusammenspiel zwischen Mensch und Maschine erreicht werden. 2) Die große Anzahl zu verarbeitender Daten erzwingt den Einsatz von Rechenanlagen.
Wiener verallgemeinerte das angedeutete Problem während des Krieges noch zur multiplen Vorhersage. Bei multiplen Zufallsprozessen ist nur die Vergangenheit einiger Komponenten bekannt. Das Ziel ist es, die Verteilung der Werte der anderen Komponenten zu gewinnen, und zwar zu einem beliebigen Zeitpunkt. Die multiple Vorhersage ist in gleicher Richtung etwa zur gleichen Zeit von *Wiener* und dem führenden sowjetischen Mathematiker *Kolmogorov* entwickelt

worden. Über den rein militärischen Gesichtspunkt hinaus hat die multiple Vorhersage besondere Bedeutung für die Meteorologie und allgemeiner die Statistik gewonnen. Schon der weiteren Entwicklung vorgreifend, sollen die Veröffentlichungen *Wieners* zur Vorhersagetheorie bereits jetzt angeführt werden.

Wiener gab eine Übersicht über seine Untersuchungen zur Vorhersagetheorie erstmals auf dem Internationalen Mathematikerkongreß, der in Cambridge (Mass.) vom 30. August bis zum 6. September 1950 stattfand. *Wiener* hielt auf dieser Konferenz einen Vortrag mit dem Titel „Comprehensive View of Prediction Theory" (Überblick über Vorhersagetheorie) [12]. In dem Vortrag würdigte *Wiener* auch die Arbeiten von *Kolmogorov*, wies auf die technischen Probleme hin und stellte den Zusammenhang von Vorhersage- und Filtertheorie her. Eigentlich stellte der Vortrag von 1950 schon den Höhepunkt der zweiten Periode der Auseinandersetzung *Wieners* mit der Vorhersagetheorie dar. Diese erste Periode der Vorhersagetheorie umfaßte etwa die Jahre 1940 bis 1943. Hauptveröffentlichung war aus dieser Periode „Extrapolation, interpolation and smoothing of stationary time series" (Extrapolation, Interpolation und Glättung von stationären Zeitreihen) [13]. Aus Gründen der militärischen Geheimhaltung erschien das Buch erst 1949.

Die erste Periode war durch wenig Theorie gekennzeichnet, die zweite durch höchste Strenge ausgezeichnet.

Die Auseinandersetzung mit der Vorhersagetheorie forderte von *Wiener* die Einbeziehung zweier Gebiete. Er mußte sich mit dem Bau und der Arbeitsweise von Rechenanlagen vertraut machen und die Filtertheorie in seine Überlegungen einbeziehen. Es war charakteristisch für *Wieners* Arbeitsweise und seine außergewöhnliche Begabung, daß er sich auch mit diesen beiden Gebieten schöpferisch beschäftigte und daß er schnell neue wesentliche Resultate erzielte.

4.2. Entwicklung von Rechenanlagen

Im Jahre 1940 wurde das numerische Gerät der Bell Telephone Company fertig, ein Complex-Number-Computer. Der Computer war seit 1937 entwickelt worden und ermöglichte die schnelle Berechnung von Produkten und Quotienten komplexer Zahlen. Solche Rechnungen sind besonders in der theoretischen Elektrotechnik von Bedeutung. Die Rechenanlage war nach Prinzipien des Selbstwähldienstes des Fernsprechwesens konstruiert. Das Gerät wurde der Amerikanischen Mathematischen Gesellschaft auf deren Sommertreffen in Hanover (New Hampshire) 1940 vorgeführt. Die Demonstration war ein Ereignis. *John W. Mauchly*, einer der Schöpfer der berühmten Rechenanlage ENIAC, und *Wiener* bedienten die „Rechenmaschine". Die Daten wurden in Hanover eingegeben, die Rechnung in New York ausgeführt und das Ergebnis per Fernschreiber nach Hanover durchgegeben. Auf der Rückfahrt von der Tagung diskutierten *Wiener* und *Levinson* Fragen des Baus von Rechenanlagen. *Wiener* kam dabei auf die Idee, daß man anstelle der üblichen Lochkarten auch ein Stahlband verwenden könnte. Das Lochkartenprinzip läßt nur eine relativ geringe Rechengeschwindigkeit zu. Von der *Wiener*schen Idee ausgehend, wurde wenig später ein Papierband entwickelt, das mit einer dünnen Schicht magnetischen Eisenoxids belegt wurde. Auf einem solchen Band kann man mit einem Elektromagneten die erforderlichen Kennzeichen anbringen. Wie die wissenschaftshistorische Forschung nachgewiesen hat, war der Vorschlag der magnetischen Signalaufzeichnung schon im Jahre 1888 erstmals gemacht, aber nie verwirklicht worden. Von *Wiener* stammte auch der Vorschlag, partielle Differentialgleichungen mit der Monte-Carlo-Methode auf Rechenanlagen zu behandeln. Als Monte-Carlo-Methode bezeichnet man zusammengefaßt eine Vielzahl von Verfahren, die auf Erkenntnissen der Wahrscheinlichkeitsrechnung und der mathematischen Statistik beruhen und für Zwecke der numerischen Mathematik eingesetzt werden. Um 1950 gehörte das Verfahren auf der Basis der *Wiener*schen Idee zum Bestand moderner numerischer Verfahren.

4.3. Filtertheorie – statistische Optimierung

Als *Wiener* begann, sich mit Filterproblemen zu beschäftigen, war die Radartechnik in ernsthafte Schwierigkeiten geraten. Es gab grundsätzliche Probleme bei der Aufgabe, aus einer Menge von Störungen die (verzerrte) Nachricht herauszulösen (herauszufiltern). Ein Filter ist ein System, das das nützliche Signal aus dem Rauschpegel aussondert. Solche Systeme waren zwar aus der Radio- und Fernsehtechnik bekannt, genügten aber nicht den Anforderungen der Radartechnik unter den schwierigen Bedingungen des Krieges. *Wiener* griff das Problem allgemein mit mathematischen Methoden an. Eingesetzt wurden die harmonische Analyse, die Theorie der Zeitreihen und die Korrelationstheorie. Das Ergebnis seiner Anstrengungen war die Theorie der optimalen Filter. Diese werden heute auch als „optimale Wienersche Filter“ bezeichnet. Ihre Theorie wurde von *Wiener* in dem schon erwähnten Buch „Extrapolation, interpolation and smoothing of stationary time series“ niedergelegt. Auch auf dem Gebiet der Theorie der Filter liefen die Arbeiten von *Wiener* und *Kolmogorov* parallel, ein Zeichen dafür, daß die Problemstellung den Erfordernissen der Zeit entsprach. Die Arbeiten *Wieners* bedeuteten den Beginn einer neuen mathematischen Disziplin, der statistischen Optimierung.

Wie wirkte die *Wiener*sche Theorie auf das ursprüngliche Problem, die Konstruktion verbesserter Radaranlagen, zurück? Da das Rauschen grundsätzlich unvermeidbar ist, wurde mit der neuen Theorie die Differenz zwischen dem tatsächlichen und dem „idealen“ Nutzsignal minimiert. Dadurch konnte das Folgeleitsystem, das die Radarantennen den fliegenden Objekten nachführt, stark verbessert werden. Der Zusammenhang von Vorhersagetheorie und der Theorie der Filter wird hier sichtbar. Bei den Militärfachleuten hatten die *Wiener*schen Untersuchungen über Filter großen Erfolg, obwohl sie kaum die mathematische Leistung einschätzen konnten. Die eigentlichen Urheber der *Wiener*schen Arbeit, die Nachrichtenfachleute, waren nicht begeistert:

Die Theorie der optimalen Wienerschen Filter war den Spezialisten, die sich mit der Entwicklung von Radarsystemen beschäftigten, derart kompliziert, daß sie den in einen gelben Einband gebundenen Bericht *Wieners* zur Theorie der optimalen Filter als „gelbe Gefahr“ bezeichneten. [21, S. 213]

Heute gehört die Filtertheorie *Wieners* zum selbstverständlichen Rüstzeug jedes Nachrichtenspezialisten. Allerdings sind jetzt auch die mathematischen Kenntnisse dieser Fachleute erheblich größer als 1943.

Werden die Arbeiten *Wieners* während des zweiten Weltkrieges unter Berücksichtigung der Beziehungen zwischen den Arbeitsgebieten und vorhergehender Arbeiten vereinfacht dargestellt, so ergibt sich das folgende Schema. Dabei sind einige Tendenzen in nachfolgenden Arbeiten des Mathematikers mit berücksichtigt worden (vgl. Schema 1. und Schema 2.).

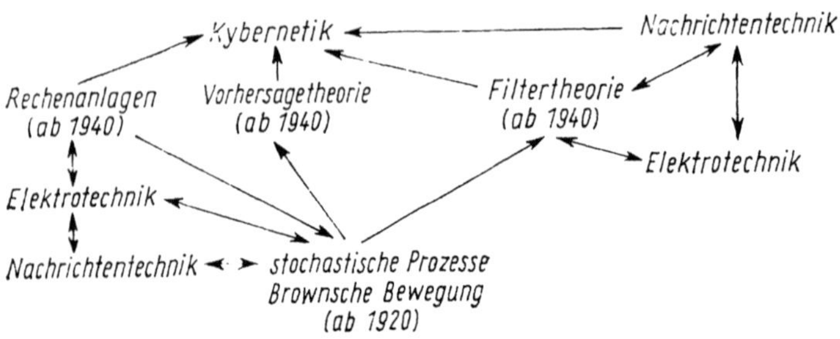

Schema 4. *Wieners* Werk bis zum Ende des zweiten Weltkrieges

Als der zweite Weltkrieg bereits entschieden war, wurden am 5. 8. 1945 und am 9. 8. 1945 die amerikanischen Atombomben auf Hiroshima und Nagasaki abgeworfen. Die Anwendung dieser barbarischen Waffe bedeutete keine wesentliche Unterstützung des Kampfes der USA gegen das faschistische Japan. Die Atombombendiplomatie sollte die Völker der Welt einschüchtern. Der reaktionäre Kurs der amerikanischen Führung äußerte sich auch innenpolitisch in verstärkter Unterdrückung und Gesinnungsschnüffelei.
Viele bedeutende Gelehrte, auch viele Emigranten aus Europa, hatten an der Schaffung der Atombombe mitgewirkt. *Wiener* wäre beinahe in diese Forschung mit einbezogen worden. Er wurde zu einem Diffusionsproblem, die Trennung der Uranisotope betreffend, konsultiert. *Wiener* konnte seinerseits keine Qualifikation für das Problem erkennen und wurde nicht weiter zum sogenannten Manhattan-Projekt hinzugezogen. Nach den Atombombenabwürfen kam für *Wiener* eine Zeit voller moralischer Skrupel.

Offen gestanden hatte ich mich ... an die Hoffnung geklammert, daß in letzter Minute irgend etwas mit der Atombombe nicht funktionieren würde, denn ich hatte schon viel über die Bedeutung der Bombe nachgedacht und darüber, was es für die menschliche Gesellschaft hieß ... [1, S. 259] ... Am Tage der Atombombe wurde das ganze Schema der Hexenjagd der letzten acht Jahre klar, und was wir jetzt erleben, ist nur die Verwirklichung dessen, was damals in den Sternen geschrieben stand. [1, S. 267]

Wiener war nahe daran, jede wissenschaftliche Tätigkeit aufzugeben. Er betrachtete von nun an die amerikanische Gesellschaftsordnung noch kritischer. Er verurteilte die gefährliche Tendenz in der amerikanischen Erziehung, den Krieg als Spiel darzustellen und alles

Nichtamerikanische als minderwertig zu betrachten. Er wandte sich gegen die amerikanische Überheblichkeit auf technischem Gebiet:

Bei uns besteht der rührende Glaube, daß wir die alleinigen Besitzer eines gewissen Informationstyps, des sogenannten „Wissens wie", seien, der uns nicht nur die Priorität auf allen technischen und wissenschaftlichen Entwicklungen und alle größeren Erfindungen, sondern auch, wie wir schon sagten, das moralische Recht auf diese Priorität sichere. [22, S. 126]

Durch die sowjetischen Entwicklungen auf dem Gebiet der Atomwaffen wurde dieser „amerikanische Glaube" bald als falsch nachgewiesen.

Neben solchen Überlegungen diskutierte *Wiener* Fragen der Geheimhaltung wissenschaftlich-technischer Erkenntnisse, bezweifelte die amerikanische Glaubwürdigkeit in der internationalen Politik und bekämpfte die Politik der herrschenden Klasse, die Wissenschaftler für den moralischen Niedergang in den USA verantwortlich zu machen. Seit dem Jahre 1945 wurde *Wieners* Einstellung zur Herrschaftsform in den USA zunehmend kritischer. Im Gegensatz zu vielen anderen Wissenschaftlern, die resignierten, begann er jedoch nach einer „Überlegungsphase" sich in der Öffentlichkeit zunehmend Gehör zu verschaffen. Der wissenschaftliche Welterfolg der „Kybernetik" wird dafür die geeignete Plattform schaffen.

5. DIE ENTDECKUNG DER KYBERNETIK

Einige der schon besprochenen *Wiener*schen Arbeiten, so zur Vorhersagetheorie, behandelten auch das Problem des Zusammenwirkens von Mensch und Maschine. Eine wichtige Voraussetzung eines solchen Zusammenspiels ist die Verständigung, die Kommunikation, der Partner untereinander. Ein mathematisches Mittel zur Bearbeitung von Problemen der Kommunikation ist die Informationstheorie. Die ersten grundlegenden Untersuchungen zur Informationstheorie sind in der Zeit des zweiten Weltkrieges vorgenommen, aber erst nach seiner Beendigung veröffentlicht worden.

Die mathematische Informationstheorie oder Nachrichtentheorie ist unter Berücksichtigung vieler Vorarbeiten anderer das Werk des englischen Statistikers *Ronald Aymler Fisher*, von *Shannon* und von *Wiener*. *Fisher* kam von Fragen der Statistik zur Informationstheorie und führte den Begriff der statistischen Information ein. *Shannon* war von Problemen der Kodierung von Nachrichten ausgegangen. Sein Werk „A Mathematical Theory of Communication" (1948) begründete die mathematische Informationstheorie und führte die grundlegenden Begriffe ein. *Wieners* Anteil an der Entwicklung der Informationstheorie war die Erkenntnis, daß den sehr unterschiedlichen Formen, in denen Kommunikation abläuft, ein gleicher realer Kern zugrunde liegt und daß auf dieser Basis eine Wissenschaft von der Kommunikation möglich ist. *Wiener* war auch sehr daran interessiert, die theoretischen Kenntnisse über Informationsprozesse schnell in die technische Praxis einzuführen.

Wie sich jetzt deutlich herausstellte, waren bereits einige der von *Wiener* früher erzielten Resultate zur Theorie der Brownschen Bewegung und zur Theorie der Fouriertransformation für die Kommunikationstheorie von Bedeutung. Noch aus der Zeit der Zusammenarbeit mit *Paley* stammten auch erste konkrete Ergebnisse. Einer der damals gewonnenen mathematischen Sätze lautete jetzt informationstheoretisch: Es gibt eine notwendige und hinreichende Bedingung für die Verstärkung eines linearen, zeitinvarianten Systems, das realisierbar ist, d. h. nur auf die Vergangenheit wirkt. Schon vom Thema her läßt der Buchtitel „Extrapolation, interpolation, and smoothing of stationary time series" vermuten, daß in diesem Werk auch Probleme der Informationstheorie behandelt werden. In der Einleitung der Arbeit hieß es auch:

Dieses Buch stellt einen Versuch dar, die Theorie und (die) Praxis von zwei Arbeitsgebieten zu vereinigen. (Sie) bilden eine völlig natürliche Einheit, . . ., aber (diese) ist verzerrt durch zwei . . . unterschiedliche Traditionen . . . (das) hatte ausgedehnte Unterschiede in ihrem Vokabular und in der Ausbildung ihres Personals zur Folge. Diese zwei Gebiete sind die Zeitreihen in der Statistik und die (technischen) Kommunikationswissenschaften. [13, S. 1]

Unter einer „Zeitreihe" versteht man dabei eine Folge von zahlenmäßigen Beobachtungsergebnissen eines Vorgangs in Abhängigkeit von der Zeit. Eine Zeitreihe beschreibt also den zeitlichen Ablauf eines Vorganges. Von der Zeit abhängige Vorgänge treten in vielen Naturwissenschaften, in der Technik und in der Ökonomie auf (vgl. [10, S. 328–330]).
Ebenfalls noch aus den vierziger Jahren stammten die Versuche *Wieners*, eine Theorie der elektrischen nichtlinearen Netzwerke zu erhalten. Mit einer Ausnahme aus dem Jahre 1942, hatte *Wiener* in den Jahren des zweiten Weltkrieges und in der ersten Nachkriegszeit dazu nichts publiziert. Die erste Schrift, die diese Untersuchungen der Allgemeinheit zugänglich machte, war „Nonlinear Problems in Random Theorie" (Nichtlineare Probleme in der Zufallstheorie) aus dem Jahre 1958. In diese Arbeit eingeflossen sind auch die Ergebnisse von *Li* und dessen Schülern. Über den sehr speziellen Inhalt des Buches soll hier nicht berichtet werden. Zwar gelang es *Wiener* und anderen Mathematikern im Prinzip, eine allgemeine Theorie nichtlinearer Kommunikationsmittel aufzubauen, aber der praktischen Verwertung der Resultate stellten sich große Schwierigkeiten entgegen. Insbesondere verstanden die in der Praxis tätigen Elektroingenieure die theoretischen Ausführungen nicht. Ihre mathematische Vorbildung reichte dazu nicht aus. *Wiener* erkannte diese Schwierigkeit und versuchte, die Ingenieure im Sinne einer stärkeren theoretischen Durchdringung ihrer Arbeit zu beeinflussen. So bemerkte er beispielsweise in einem Artikel „New Concept of Communication engineering" (Neue Auffassung der technischen Kommunikationswissenschaften) von 1949:

. . . die meisten Bücher über Kommunikation sagen nichts über die Information, und der gewöhnliche Kommunikationsingenieur hat kein definites Maß der Information . . . Erst in den letzten Jahren haben einige Ingenieure begonnen zu fragen, was Information ist . . . Weil die Information nicht nur abhängig ist von dem, was augenblicklich gesagt wird, sondern (auch) von dem, was gesagt worden sein kann, ist sie eine Maß-

> eigenschaft einer Menge von möglichen Nachrichten, oder das, was man in der statistischen Mechanik ein Ensemble nennt ... [14, S. 74]

Probleme der Informationstheorie sind ein wichtiger Bestandteil der Kybernetik geworden.

Im Jahre 1948 erschien in Paris und gleichzeitig in Cambridge (Mass.) und New York der wissenschaftliche Bestseller *Norbert Wieners* „CYBERNETICS or control and communication in the animal and the machine“ (Kybernetik oder Regelung und Nachrichtenübertragung im Lebewesen und in der Maschine) [4]. Das Buch war im Jahre 1947 in Mexico-City niedergeschrieben worden. Das berühmte Werk war nicht nur eine Darstellung *Wiener*scher Vorstellungen und Arbeitsergebnisse, sondern faßte Erfahrungen eines internationalen Wissenschaftlerkollektivs zusammen. Es war Höhepunkt einer seit vielen Jahrhunderten, meist etwas abseits von den Hauptströmungen der wissenschaftlichen Interessen, ablaufenden Entwicklung, Analogiebetrachtungen über Lebewesen, Automaten und Maschinen anzustellen. Den grundlegenden Begriff „Kybernetik“ definierte *Wiener* so:

> Wir haben beschlossen, das ganze Gebiet der Regelung und Nachrichtentheorie, ob in der Maschine oder im Tier, mit dem Namen „Kybernetik“ zu benennen, den wir aus dem griechischen κυβερνήτης (kybernetes) oder „Steuermann“ bildeten. [4, S. 39]

Die Geschichte des ungewöhnlichen Wortes „Kybernetik“ vermittelt bereits einen ersten Eindruck von den vielfältigen Beziehungen zur Gesellschaft, die *Wiener* der neuen Wissenschaft mit Recht zuordnete. Bei *Plato* wurde der Staat mit einem Schiff verglichen, dessen Steuerruder von verschiedenen Parteien für sich beansprucht wird. Der antike Gelehrte verurteilte die, die sich zwar der Führung des Schiffes bemächtigt haben, aber

> betreffs des wahrhaften Steuermanns nicht einmal eine Ahnung davon haben, daß er notwendig seine Sorgfalt ... auf alles zu jener Kunst Gehörige richten muß, wofern er in Wirklichkeit ein Herrscher des Schiffes sein soll, sondern es sogar für eine Unmöglichkeit halten, daß man betreffs der Art und Weise der Lenkung ... irgendeine Kunst ... zugleich der eigentlichen Steuermannskunst erreichen könnte. [23, S. 223]

Auch *Plato* hatte das Wort nicht geprägt. Von alters her wurden im antiken Griechenland Feste zu Ehren zweier Lotsen gefeiert, die „Kybernesien“. Die Lotsen hatten das Schiff des *Theseus* sicher gelenkt.

Im Sinne *Platos* wurde das Wort mit seiner politischen Bedeutung von *André-Marie Ampère* in dessen „Essai sur la philosophie des sciences ..." von 1834 aufgegriffen. *Ampère* verstand unter Kybernetik die Untersuchung der Verfahrensweise beim Regieren. Bei *Ampère* fand sich die Kybernetik als Wissenschaft dritten Grades als Unterabteilung der „Politik" (1. Grad) und der „Politik im eigentlichen Sinn" (2. Grad) vereint mit der „Theorie der Macht". [24, S. 34] Noch bis zur Mitte des 20. Jahrhunderts wurde als „Kybernetik" im ursprünglichen platonischen Sinn auch ein Teilgebiet der Theologie, die „Lehre vom geistlichen Amt und der Verfassung der Kirche", bezeichnet. [37, S. 899]
Aber weder *Plato* noch *Ampère* wurden von *Wiener* als die Stammväter der Kybernetik angesehen, sondern der deutsche Universalgelehrte *Gottfried Wilhelm Leibniz*:

Wenn ich nach der Betrachtung der Geschichte der Wissenschaft einen Schutzpatron für die Kybernetik wählen sollte, würde ich *Leibniz* nennen. Die Philosophie *Leibniz'* kreist um zwei engverwandte Begriffe, den einer universellen Symbolik und den eines Kalküls der Vernunft. Von diesen sind die mathematischen Bezeichnungen und die symbolische Logik der heutigen Zeit hergeleitet. [4, S. 40]

Einen gewissen Einfluß scheint auf *Wiener* bei seiner „Entdeckung der Kybernetik" eine Schrift von *James Clerk Maxwell* ausgeübt zu haben. [4, S. 39] In der Arbeit „On Governors" von 1868 diskutierte *Maxwell* eine lineare Differentialgleichung dritter Ordnung für einen geschlossenen Regelkreis. *Maxwell* definierte:

Ein „Governor" ist ein Teil einer Maschine, mittels welchem die Geschwindigkeit der Maschine beinahe gleichmäßig gehalten wird, trotz Veränderungen in der Antriebskraft oder beim Widerstand. [27, S. 105]

Im ursprünglichen Sinn war „Governor" die englische Bezeichnung für den Fliehkraftregler der Dampfmaschine von *James Watt*, die der englische Techniker in den Jahren 1789 bis 1800 baute. Das Wort „governor" leitet sich über das lateinische „gubernare" direkt vom griechischen Originalwort für Steuermannskunst her.
Welche speziellen Gebiete haben allgemein die Entwicklung der Kybernetik beeinflußt?
1. Regelungen und Steuerungen in der Technik, besonders in der Nachrichten- und Hochfrequenztechnik und in der Elektronik;
2. Automaten und Rechenanlagen;

3. Regelungsvorgänge in Biologie und Medizin;
4. mathematische Gebiete, wie mathematische Logik, Theorie der stochastischen Prozesse, Wahrscheinlichkeitsrechnung, aber auch Algebra und Topologie;
5. die philosophische Auffassung, daß auch „geistige" Prozesse auf einer materialistischen Basis ablaufen.

Mathematik und Kybernetik haben Berührungspunkte:
1. Viele Begriffe und Methoden der Kybernetik stammen aus der Mathematik.
2. Einzelne Teilgebiete der Kybernetik lassen sich mit Hilfe der Mathematik axiomatisieren.
3. Die Kybernetik drang später mit ihren mathematischen Methoden in viele Wissenschaften (z. B. in die Wirtschaftswissenschaften, die Psychologie, die Linguistik) ein und führte den Mathematisierungsprozeß der Wissenschaft auf eine neue Stufe.

Als Mathematiker mit einem großen Interessenkreis war *Wiener* für die Begründung der Kybernetik also bestens „ausgerüstet". Einige Gebiete, die zur Herausbildung der Kybernetik beigetragen haben, sollen in ihrer historischen Entwicklung kurz dargestellt werden.

5.1. Regelungsvorgänge in der Technik

Bei der Entwicklung der technischen Regelungen sind im Prinzip folgende Phasen zu unterscheiden:
1. Frühgeschichte bis 1788,
2. Erfindungen des 19. Jahrhunderts,
3. allgemeines Eindringen von Regelungen in die Technik.

Die älteste bekannte Regelung ist eine Schwimmerregelung bei einer Wasseruhr. Sie stammt von *Ktesibios*, dem Lehrer des *Heron*. Über die Schwimmerregelung scheint die antike Technik nicht hinausgekommen zu sein. Diese Regelung wurde im islamischen Bereich aufgegriffen, in vielen Details verbessert und oft angewandt. Das europäische Mittelalter trug praktisch nichts zur Fortentwicklung der Regelungstechnik bei. Erst aus der Zeit nach 1600 können Neuentwicklungen auf dem Gebiet der Regelungstechnik beobachtet werden. Der Niederländer *Cornelis Drebbel* entwickelte die ersten Temperaturregler. Die Schwimmerregelung gewann beim Dampfkessel- und Dampfmaschinenbau neue Bedeutung. Der neue Industriezweig förderte die Entwicklung von Druckregelungen. Im 18. Jahrhundert findet man viele Regelungen, die ihren Ursprung im Mühlenbau hatten. Alle bisher erwähnten Regelungen und auch viele andere wurden dem technischen Publikum kaum bewußt: Erst über den berühmten Fliehkraftregler der Dampfmaschine wurde das Reglerproblem allgemein bekannt.

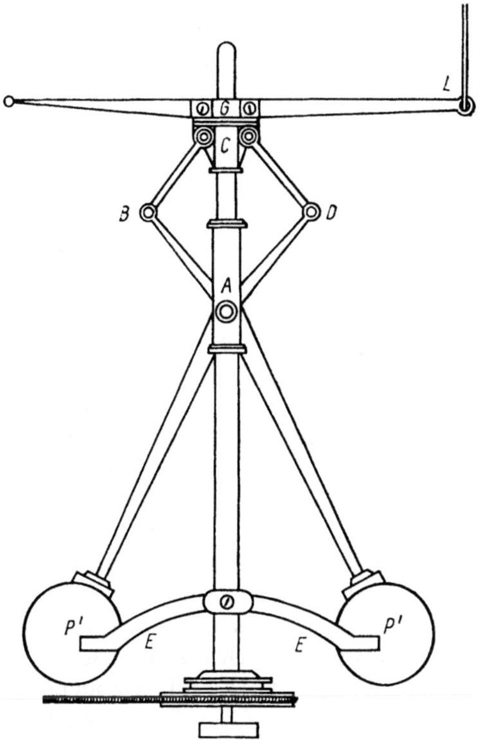

Abb. 3. Der Fliehkraftregler nach *James Watt*

Wurde die Dampfzufuhr erhöht, wuchs die Winkelgeschwindigkeit der mittleren Achse. Das führte zu einem Anheben der Gewichte, und über ein Gestänge wurde dadurch die Dampfzufuhr gedrosselt. Die bisherige Entwicklung kann so charakterisiert werden:

Die Techniker, die die Regelungen ausführten, verwendeten das Prinzip rein intuitiv, und es ist niemand bekannt, der das Gemeinsame zwischen den verschiedenen Regelungen bemerkt und ausgedrückt hätte. [25, S. 124]

Der Fliehkraftregler bestimmte weitestgehend die Entwicklung der nächsten Jahrzehnte. Einerseits blieb in Anlehnung an *Watt* die Regelungstechnik bis in das 20. Jahrhundert ein Spezialgebiet des Kraftmaschinenbaus, andererseits entwickelte sich am Beispiel des Fliehkraftreglers die mathematische Regelungstheorie. Das Geburtsjahr der mathematischen Regelungstheorie war das Jahr 1826. In diesem Jahr erschien der „Cours de mécanique appliquée aux machines" (Kursus der Mechanik angewandt auf Maschinen) des bedeutenden französischen Mathematikers *Victor Poncelet. Poncelet* betrachtete das Reglerproblem im Gesamtrahmen der Maschinenmechanik, rechnete jedoch sehr wenig (statische Betrachtungsweise). Im Jahre 1840 stellte der Engländer *George Biddell Airy* die Differentialgleichungen der Bewegungen des Fliehkraftreglers auf und versuchte, aus den Gleichungen die Unregelmäßigkeiten seiner Bewegung zu erklären. Auf *Airy* gehen alle mathematischen Untersuchungen der Regler zurück. Schon allgemeiner angelegt war der Aufsatz „Über Regulatoren" von *J. Lüders* aus dem Jahre 1865. *Lüders* konnte jedoch die Integralgleichung (Energiegleichung) der betrachteten Maschine nicht lösen. In der bereits erwähnten Arbeit [27] von *Maxwell* wurde eine lineare Differentialgleichung dritter Ordnung für den geschlossenen Regelkreis aufgestellt und die Lösungen in Abhängigkeit von verschiedenen Parametern diskutiert. Mit *Maxwells* Untersuchung war der Anstoß zur Entwicklung algebraischer Stabilitätskriterien gegeben. Im Anschluß an *Maxwell* machte sich besonders die russische Mathematikerschule um die theoretische Regelungstechnik verdient (1873 *Pafnuti Lvovič Čebysev*, 1876/77 *Ivan Alekseevič Višnegradski*). Etwa zur gleichen Zeit setzte eine konstruktive Entwicklung ein, die für die Kybernetik eine unmittelbare Bedeutung erlangte, die Entwicklung von Rückführungen und Servosystemen. Sie wurde speziell durch die sich stürmisch entwickelnde Elektroindustrie gefördert. Der Franzose *Marie-Joseph-Denis Farcot* schrieb im Jahre 1873:

Der Servomotor steuert das Ruder entsprechend dem Befehl des Steuermanns mit solcher Geschwindigkeit, daß die vollständige Winkelbewegung so schnell wie gewünscht vollbracht wird ... [26, S. 40]

Verwendet wurden die Servosysteme für militärische Zwecke, z. B. um Ruder und Geschütztürme schnell in die richtige Position zu bringen.

Auf dem Gebiet der Servosysteme stellte in Deutschland *F. Lincke* mit seiner Arbeit „Das mechanische Relais" (1879) den internationalen Anschluß her. *Lincke* wies auch gewisse Analogien zwischen technischen und biologischen Systemen nach.
Man begann in der Folgezeit, die einzelnen Regler mit grafischen Methoden zu bearbeiten. Grundlegende Verbesserungen wurden aber bis zum ersten Weltkrieg nicht erreicht. Der erste Weltkrieg begünstigte die Entwicklung der Regelungstechnik. Mit Hilfe der Regelungstechnik wurden Flugzeug-, Schiffs- und Geschützsteuerungen konstruiert, darunter die Feuerleiteinrichtungen. Diese Entwicklung verlief in Deutschland und in den USA annähernd parallel. Die Zeit nach dem ersten Weltkrieg war vorwiegend dem Ausbau der durch den Krieg gewonnenen Erkenntnisse gewidmet. Seit etwa 1935 wurde die Tendenz erkennbar, Syntheseverfahren für Regelkreise zu gewinnen. Hauptsächliches mathematisches Hilfsmittel war die Theorie der trigonometrischen Reihen.
Während des zweiten Weltkrieges nahm die Regeltechnik einen sehr raschen Aufschwung. Die Fortschritte auf diesem Gebiet wurden erst nach Beendigung des Krieges sichtbar. Die Flut der Veröffentlichungen nach dem zweiten Weltkrieg zeigte, daß sowohl auf nationaler als auch auf internationaler Ebene Parallelentwicklungen stattgefunden hatten. Man begann, in stärkerem Maße die Gemeinsamkeiten in den theoretischen Grundlagen der Servosysteme, der rückgekoppelten elektrischen Verstärker und anderer Regelkreise zu erkennen, man sprach von Systemen, welche unabhängig von ihrer technischen Realisierung, die mechanisch, elektrisch, hydraulisch, pneumatisch oder kombiniert sein konnte, durch eine gemeinsame Übertragungsfunktion gekennzeichnet wurden. Es entstand das sogenannte Systemdenken, das eine wesentliche Grundlage der Regelungstechnik wurde und später im Sinne der Kybernetik auch für andere Wissenschaftsgebiete propagiert wurde. [25, S. 7] In diesem Sinne ist die Regelungstechnik eine der Quellen der Kybernetik.

5.2. *Automaten und Rechenanlagen*

Seit dem 4. Jh. v. u. Z. sind aus dem antiken Griechenland Automaten bekannt. Auch das Mittelalter zeigte großes Interesse an Geräten, die menschliche Eigenschaften nachahmten. In der Renaissance nahm dieses Interesse noch zu. Der Legende nach soll der berühmte deutsche Mathematiker und Astronom *Johannes Müller*, genannt *Regiomontanus*, einen automatischen Adler konstruiert haben, *Leonardo da Vinci* einen automatischen Löwen. Die französischen Materialisten des 17. und des 18. Jahrhunderts führten die Analogiebetrachtungen über Lebewesen und Maschinen auf eine neue Ebene und bezogen den Menschen bewußt in solche Überlegungen ein. So wurde bei *René Descartes* der Mensch als lebende Maschine betrachtet:

... nämlich daß Sie (Anrede einer Person, d. V.) Arme, Beine, einen Kopf und alle übrigen Teile haben, die die Maschine des menschlichen Körpers zusammensetzen. [29, S. 133]

Alle Funktionen dieser menschlichen Maschine ergeben sich dann aus der Anordnung der Organe dieser Maschine.
Eine Fortsetzung fanden diese Ideen in dem Werk „L' homme machine" (1748) von *Julien Offray de Lamettrie*. Er meinte, daß die charakteristischen Eigenschaften des Menschen eine Folge der „Organisation des Gehirns und des gesamten Körpers" seien, versuchte einzelne Funktionen des menschlichen Körpers auf mechanische Prinzipien zurückzuführen und sprach konsequenterweise auch von „Denkmuskeln". Er schrieb: „Folgern wir also kühn, daß der Mensch eine Maschine ist ..." [30, S. 66]
Zu jener Zeit gab es auch bereits technische Bereiche, in denen automatische Geräte benutzt wurden. Dazu gehörten die Seidenweberei und die Produktion grob gemusterter Stoffe. *Joseph-Marie Jacquard* führte zur Vereinfachung der Herstellung der gemusterten Gewebe das Lochkartenprinzip ein (1808). *Jacques de Vaucanson* mechanisierte die Seidenweberei. Bemerkenswerterweise war *Vaucanson* der bedeutendste Schöpfer von Automaten (Flötenspieler, schnatternde Ente). Nach *Vaucanson* wurde bis zum Einsatz der Regelungstechnik in der Automatentechnik wenig Bemerkenswertes erreicht. Die automatischen Geräte haben stets das Interesse der Literaten gefunden. Das bekannteste Werk auf diesem Gebiet dürfte „Der Golem" (1915) von *Gustav Meyrink* sein. Aber bereits *Ernst Theodor Amadeus Hoffmann* hatte kritisch bemerkt:

Das Streben der Mechaniker ... ist mir der erklärte Krieg gegen das geistige Prinzip ... eben darum ist mir gerade die nach mechanischen Begriffen vollkommenste Maschine der Art eben die verächtlichste. [31, S. 93]

Erst die Kybernetik wird später genauer abzugrenzen versuchen, was „geistige“ und was „mechanische“ Prinzipien sind. Mit der Entstehung der Kybernetik wird auch ein neu erwachsendes Interesse an Automaten (elektronische Modelle von Schildkröten, Mäusen usw.) feststellbar sein.
Einen engen Zusammenhang mit der Automatentechnik hat die Entwicklung von Rechenmaschinen und elektronischen Rechenanlagen. Folgende Tabelle soll einen sehr vereinfachten Überblick geben.

Jahr	Erfinder	Aufgaben der Maschine	Bemerkungen
1623/24	*W. Schickard*	Addition – Subtraktion	
1645	*B. Pascal*	Addition	
um 1672	*G. W. Leibniz*	alle Grundrechenarten	
1823	*C. Babbage*	fortlaufende Addition	Maschine nicht vollendet
1833	*C. Babbage*	jede Aufgabe mit formulierbarem Lösungsweg	Maschine nicht vollendet
1941	*K. Zuse*	jede Aufgabe, die algorithmisch formulierbar ist	erste programmgesteuerte Anlage

In den modernen elektronischen Rechenanlagen kommen einerseits kybernetische Prinzipien, z. B. das Rückkopplungsprinzip, zur Anwendung, andererseits ermöglichte ihr Einsatz überhaupt erst, komplizierte kybernetische Systeme erfolgreich zu bearbeiten.

5.3. Ein biologisch-medizinisches Problem

Der Einfluß biologisch-medizinischer Probleme auf die Herausbildung der Kybernetik soll durch ein Beispiel angedeutet werden. Dieses Beispiel hatte entscheidenden Einfluß auf *Wieners* wissenschaftliches Werk. Die kybernetische Deutung des Intensionstremors veranlaßten ihn, sich zukünftig fast ausschließlich Problemen der Kybernetik zu widmen.

Kennt man irgendwelche nervösen Störungen, bei denen der Patient im Ruhezustand keinen Tremor zeigt, bei denen aber der Versuch zu einer Verrichtung, wie etwa ein Glas Wasser aufzunehmen, ihn immer stärker schwingen und schwanken läßt, bis die Verrichtung mißlingt und ... das Wasser verschüttet ist? [1, S. 219]

Dieses Krankheitsbild war in der Medizin seit langem bekannt und wurde Intensionstremor genannt. Der Sitz der Krankheit liegt im

nur die Engländer *Charles Bell* und *Charles Scott Sherrington*, der deutsche Physiologe *Carl Ludwig* und die sowjetischen Gelehrten *Pjotr Kusmič Anochin*, *Nikolaj Aleksandrovič Bernštein* und *Ivan Ivanovič Schmalhausen* genannt. Behandelt wurden von diesen Gelehrten u. a. der Blutkreislauf, Bewegungsvorgänge und ihre Störungen, Auslese und Evolution.

Die Entwicklung des Fachgebietes Kybernetik begann im Jahre 1942 in eine entscheidende Phase zu treten. Unter dem Patronat der Josiah Macy Foundation fand in New York eine Tagung über die zentrale Hemmung des Nervensystems statt. Dort wurde auch der Text einer gemeinsamen Arbeit von *Wiener*, *Rosenblueth* und *Julian Bigelow* verbreitet. Die Arbeit wurde 1943 unter dem Titel „Behaviour, Purpose, and Teleology" (Verhalten, Zweck und Teleologie) veröffentlicht. [28] In der Arbeit hieß es:

Der Aufsatz hat zwei Ziele. Das erste ist eine Definition der behavioristischen Betrachtung von Naturereignissen und eine Einteilung der Verhaltensweisen. Das zweite ist, die Wichtigkeit des Zweckbegriffs zu unterstreichen. [28, S. 18]

Nach der Klassifikation der Verhaltensweisen betonten die Verfasser:

Schließlich zeigt sie (die Klassifikation), daß eine einheitliche behavioristische Analyse sowohl auf Maschinen als auch auf lebende Organismen anwendbar ist ... Grob gesehen sind die Verhaltensklassen bei Maschinen und lebenden Organismen gleich. [28, S. 22]

In gewisser Weise nahm die Arbeit „Behaviour, Purpose, and Teleology" die alten Spekulationen über Analogien von Lebewesen und Maschinen erneut auf, unterwarf sie aber gleichzeitig einer modernen naturwissenschaftlichen Analyse.

Unter den Teilnehmern des Treffens von 1942 befanden sich Mediziner und Mathematiker. Da sich herausstellte, daß auf der Basis der Arbeit von *Rosenblueth*, *Wiener* und *Bigelow* genügend Diskussionsstoff vorhanden war, wurden weitere Treffen vereinbart. Im Spätwinter 1943/44 luden der berühmte Mathematiker *John von Neumann* und *Wiener* zu einer neuen Konferenz nach Princeton ein. Hinzugezogen wurden jetzt auch Fachleute für Rechenanlagen. *Wiener* bemerkte später über dieses Treffen:

Am Ende des Treffens war es allen klar, daß es eine beträchtliche gemeinsame Denkbasis aller Bearbeiter der verschiedenen Gebiete gab, daß man in jeder Gruppe schon Begriffe gebrauchen konnte, die durch andere schon besser entwickelt waren, und daß ein Versuch gemacht werden sollte, ein allgemeines Vokabular zustande zu bringen. [4, S. 44]

Im Jahre 1945 arbeitete *Wiener* am Instituto Nacional de Cardiologia in Mexico-City bei *Rosenblueth*. Er studierte Phänomene der Leitfähigkeit und Latenz. Einige ihrer Untersuchungsergebnisse legten *Wiener* und *Rosenblueth* noch im gleichen Jahr auf dem Kongreß der Mexikanischen Mathematischen Gesellschaft in Guadalajara vor.

Das nächste Treffen zu Problemen der Kybernetik fand im Frühjahr 1946 statt. Die „Princeton-Gruppe" von 1943/44 wurde durch Psychologen, Soziologen, Anthropologen, Philosophen, Wirtschaftsexperten, Techniker, Meinungsforscher und Neurophysiologen ergänzt.

Noch im Jahre 1946 kehrte *Wiener* nach Mexico-City zurück. Er arbeitete dort über Probleme der Rückkopplung in biologischen Systemen und begann mit den Vorbereitungen zur Niederschrift der „Cybernetics …". Nach seiner Fertigstellung umfaßte das Manuskript außer einer Einführung acht Kapitel. In der zweiten Auflage 1961 wurden später noch zwei Abschnitte hinzugefügt.

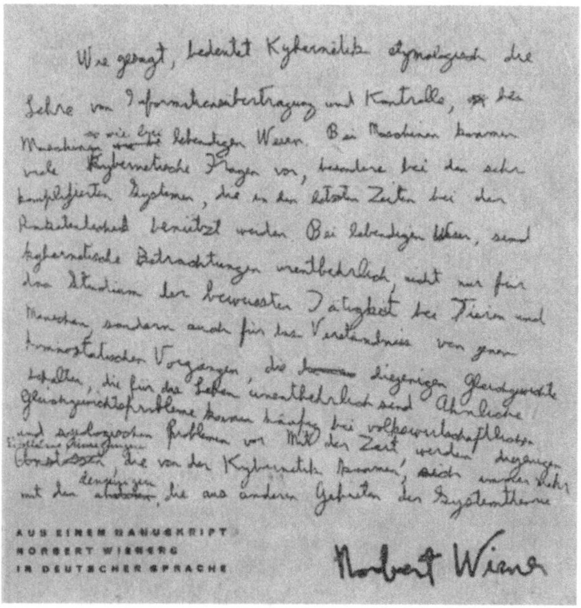

Wie gesagt, bedeutet Kybernetik etymologisch die Lehre von Informationsübertragung und Kontrolle, bei Maschinen wie bei lebendigen Wesen. Bei Maschinen kommen viele kybernetische Fragen vor, besonders bei den sehr komplizierten Systemen, die in den letzten Zeiten bei den Rechenmaschinen benützt werden. Bei lebendigen Wesen, sind kybernetische Betrachtungen unentbehrlich, nicht nur für das Studium der bewussten Tätigkeit bei Tieren und Menschen, sondern auch für das Verständnis von ganz homöostatischen Vorgängen, die diejenigen Gleichgewichte erhalten, die für das Leben unentbehrlich sind. Ähnliche Gleichgewichtsprobleme kommen häufig bei volkswirtschaftlichen und soziologischen Problemen vor. Mit der Zeit werden diejenigen Überlegungen, die von der Kybernetik stammen, sich immer mehr mit denjenigen, die aus anderen Gebieten der Systemtheorie …

AUS EINEM MANUSKRIPT NORBERT WIENERS IN DEUTSCHER SPRACHE

Norbert Wiener

Abb. 5. Schriftprobe *Norbert Wieners* (Urania 12 (1964))

Die Einleitung war der Herausbildung der Kybernetik als wissenschaftlichem Fachgebiet gewidmet und gab eine Übersicht über einige Arbeitsgebiete *Wieners*, die direkten Bezug zur Kybernetik haben, beispielsweise die Vorhersagetheorie. *Wiener* setzte sich mit den gesellschaftlichen Auswirkungen der Kybernetik auseinander:

> Wir haben zu der Einführung einer neuen Wissenschaft beigesteuert, die ... technische Entwicklungen mit großen Möglichkeiten für Gut und Böse umschließt. Wir können sie nur in die Welt weitergeben, die um uns existiert, und dies ist die Welt von Belsen und Hiroshima ... das Höchste, was irgend jemand von uns tun kann, ist, zu verhindern, daß die Entwicklung des Gebietes in die Hände der verantwortungslosesten und käuflichsten unserer Techniker gelegt wird. [4, S. 61–62]

Das 1. Kapitel lautete „Newtonscher und Bergsonscher Zeitbegriff". Es beschäftigte sich mit der Richtung der Zeit, reversiblen und irreversiblen Prozessen und der statistischen Mechanik. *Wiener* entwickelte die These „Das Denken jedes Zeitalters spiegelt sich in seiner Technik wider" [4, S. 73]. Er ging auf Automaten ein und beschäftigte sich mit der Kontroverse zwischen mechanischem Materialismus und Vitalismus, die er in die „Rumpelkammer schlechtgestellter Fragen" verwies. [4, S. 81] Das 2. Kapitel „Gruppen und statistische Mechanik" setzte sich mit der klassischen statistischen Mechanik auseinander und legte die Anwendung von Transformationsgruppen in der Physik dar. Der Zusammenhang zwischen statistischer Physik und Ergodentheorie wurde hergestellt. Das 3. Kapitel „Zufallsprozesse, Information und Kommunikation" war der statistischen Mechanik der Zufallsprozesse gewidmet, entwickelte die mathematische Theorie der Information und erläuterte das Vorhersage- und das Filterproblem. Die zentrale Bedeutung der Theorie der Brownschen Bewegung für die Theorie der Zufallsprozesse wurde herausgestellt und diese Theorie in den Grundzügen entwickelt. Das Kapitel schloß mit einer Übersicht über die Quantentheorie und ihrer möglichen Anwendung auf biologische Probleme. Das 4. Kapitel „Rückkopplung und Schwingung" ging von Rückkopplungsvorgängen in der Medizin aus und behandelte die mathematischen und technischen Probleme der Regeltheorie. Um einen Eindruck von der Vielfalt und dem Gewebe der *Wiener*schen Gedanken zu geben, soll hier der Inhalt des 5. Kapitels „Rechenmaschinen und das Nervensystem" etwas genauer charakterisiert werden. Das Kapitel begann mit einer Erläuterung der (informationstheoretischen) Zweckmäßigkeit der Verwendung des Dualsystems in bestimmten Rechenmaschinen. Eine dezimal geschriebene Zahl, beispielsweise 0,40625, findet im dualen System die Darstellung 0,0*LL*0*L*, da $0 \cdot {}^1\!/_2 + 1 \cdot {}^1\!/_4 + 1 \cdot {}^1\!/_8 + 0 \cdot {}^1\!/_{16} + 1 \cdot {}^1\!/_{32} = 0{,}40625$ ist. Diese duale Schreibweise ist ein Kennzeichen der Digitalrechner, während bei Analogmaschinen die Daten auf einer kontinuierlichen Skala dargestellt werden. Durch einen langen historischen Prozeß bedingt, rechneten die Menschen dezimal. Die dualen Ergebnisse der Rechenmaschine müssen also wieder dezimal dargestellt werden. Das hält den Rechenprozeß unter Umständen sehr auf.

Es ist also vorteilhaft, soweit als möglich das menschliche Element aus einer Kette von Rechnungen zu entfernen und es nur einzusetzen, wo es absolut unvermeidbar ist, nämlich ganz am Anfang und ganz am Schluß. [4, S. 173]

Diese Forderung verlangt aber, daß die Maschine nicht nur arithmetische Operationen ausführen muß, sondern auch logische. Dazu wird ein Algorithmus benutzt, der als Boolesche Algebra bekannt ist und der wiederum auf der Auswahl einer Möglichkeit aus zweien (Ja und Nein) beruht. Man kann also alle notwendigen Daten, numerische und logische, der Maschine dual eingeben. Um in der Maschine die Operationen dual durchführen zu können, reicht es aus, die Rechenmaschine aus Relais aufzubauen. Jedes Relais kann wiederum genau zwei Zustände, nämlich Ein und Aus, annehmen.

Es ist eine erwähnenswerte Tatsache, daß menschliche und tierische Nervensysteme, von denen man weiß, daß sie in der Lage sind, die Arbeit eines Rechensystems durchzuführen, Elemente erhalten, die ideal als Relais wirken. Diese Elemente sind die sogenannten Neuronen oder Nervenzellen. [4, S. 176]

Wiener erläuterte Grundprinzipien der Arbeitsweise der Nervenzellen, welche physiologischen und elektrischen Prozesse dabei eine Rolle spielen. Er behandelte dann das Gedächtnis, eine sehr wichtige Funktion des Gehirns und der Rechenmaschinen, und beschäftigte sich mit den technischen Konstruktionen von Kurzzeitgedächtnis und Langzeitgedächtnis, also von bestimmten Methoden, Informationen zu speichern. Er versuchte, die physikalische Grundlage aller Methoden der Informationsspeicherung aufzuhellen und den Prozeß des Alterns informationstheoretisch zu fassen. Hatte *Wiener* bisher die Methoden der Logik auf die Maschinen angewandt, so bemerkte er nun auch umgekehrt:

Es ist keineswegs trivial, das Licht zu betrachten, das durch solche Maschinen ... auf die Logik geworfen wird. [4, S. 182]
Alle Logik wird durch die Grenzen des menschlichen Geistes begrenzt, wenn er jene Tätigkeit aufnimmt, die als logisches Denken bekannt ist. [4, S. 183]

Wiener diskutierte die Möglichkeiten von Mensch und Maschine, das Unendliche zu erfassen und gewisse logische Paradoxa zu bewältigen. Er bemerkte, daß sich die Logik der Maschine prinzipiell nicht von der Logik des Menschen unterscheidet. Hat die Maschine aber auch die menschliche Eigenschaft, die Fähigkeit zu lernen? Nach Bemerkungen über die älteren Auffassungen über die Natur des geistigen Prozesses würdigte er die Auffassungen *Pawlows*. *Wiener* versuchte eine Deutung des Prozesses des bedingten Reflexes. Er behauptete:

Es gibt nichts in der Natur der Rechenmaschine, was sie daran hindert, bedingte Reflexe zu zeigen. [4, S. 189]

Wiener ging dann von den theoretischen Möglichkeiten der Maschinen zu den damaligen „Fertigkeiten" der Rechenanlagen über.

Die ultraschnelle Rechenmaschine wird sicher nicht das Bedürfnis nach Mathematikern mit hoher Intelligenz und praktischer Erfahrung vermindern. [4, S. 191]

Zum Abschluß des Kapitels beschäftigte sich *Wiener* mit der Energiemenge, die für den Betrieb von Gehirn und Rechenmaschine benötigt wird. Er schloß das Kapitel mit der berühmten Bemerkung ab:

Das mechanische Gehirn scheidet nicht Gedanken aus „wie die Leber ausscheidet", ..., noch liefert sie diese in Form von Energie aus, wie die Muskeln ihre Aktivität hervorbringen. Information ist Information, weder Materie noch Energie. [4, S. 192]

Schon diese kurze Übersicht verrät etwas von der Art *Wiener*schen Denkens. Ausgedehnte wissenschaftsgeschichtliche und philosophiehistorische Kenntnisse werden zur Stützung einer aktuellen theoretischen Überlegung hinzugezogen. Diese Überlegung bezieht sich nicht auf ein technisches oder mathematisches oder ein biologisches Problem allein, sondern schöpft ihre Kraft gerade aus der Verknüpfung dieser Gebiete. Aus den naturwissenschaftlichen und mathematischen Gedanken erwachsen für *Wiener* neue philosophische Fragestellungen.

Das Kapitel 6 „Gestalt und Universalbegriffe" behandelte die „Ähnlichkeit" von Gegenständen, den Prozeß des Erkennens von Gegenständen und schloß mit einer Diskussion der Möglichkeiten sinnersetzender Geräte. Das 7. Kapitel schloß eng an das 5. Kapitel an und erläuterte das Wechselverhältnis von „Kybernetik und Psychopathologie". Das Kapitel 8 „Information, Sprache und Gesellschaft" behandelte Hierarchien von Organisationsstrukturen im biologischen und im politischen Bereich. *Wiener* äußerte sich zum Problem der Kommunikation in einer Gemeinschaft und über die Verfügbarkeit von Informationen für die einzelnen Mitglieder der Gemeinschaft. *Wiener* zog nicht nur biologische Beispiele heran, sondern suchte auch die aktuellen Bezüge:

> Es gibt einen in vielen Ländern üblichen Glauben, der in den Vereinigten Staaten in den Rang eines offiziellen Glaubensartikels erhoben wurde, daß nämlich der freie Wettbewerb selbst ein homöostatischer Prozeß ist, daß in einem freien Markt die individuelle Selbstsucht der Händler ... am Ende ... zum größten allgemeinen Nutzen beitragen wird. Dies ist mit der sehr bequemen Ansicht verbunden, daß der einzelne Unternehmer durch das Streben, sein eigenes Interesse wahrzunehmen, auf irgendeine Art ein öffentlicher Wohltäter ist ... Unglücklicherweise steht die Wirklichkeit dieser einfältigen Theorie entgegen. [4, S. 228]

Nach einem kurzen Abschnitt über Spieltheorie wird die imperialistische „Meinungsfreiheit" als Manipulation entlarvt. Abschließend gab *Wiener* seiner Skepsis Ausdruck, die kapitalistischen Verhältnisse durch soziale Maßnahmen zu verbessern. Im 9. Kapitel „Über lernende und sich selbst reproduzierende Maschinen" zeigte *Wiener*, daß solche Maschinen wirklich konstruierbar sind. Im 10. Kapitel „Gehirnwellen und selbstorganisierende Systeme" wurden Fragen der Untersuchung der Gehirnfunktionen durch Verwendung des elektrischen Stromes diskutiert und die Bedeutung der verallgemeinerten harmonischen Analyse für solche Untersuchungen herausgestellt.

> Der Leser, an den er sich zu wenden scheint, schwankt in Grenzen zwischen dem Laien, dem ... Studenten der Mathematik, dem durchschnittlichen Mathematiker und *Wiener* selbst ... Sein Stil war oft chaotisch. [38, S. 344]

Wieners Buch war nicht nur u. a. aus den geschilderten Gründen schwer lesbar. sondern auch in der philosophischen Bewertung nicht einfach.

Norbert Wiener blieb die marxistische Gesellschaftstheorie fremd, und seine Aussagen und Urteile haben wohl ein gesichertes mathematisch-naturwissenschaftliches, jedoch kein ebenso gesichertes weltanschaulich-philosophisches Fundament zur Grundlage ... Diese Tatsachen vermögen aber den wissenschafts-geschichtlichen Wert und die Bedeutung des *Wiener*schen Buches in keiner Weise einzuschränken. Es wird zu allen Zeiten zu den epochemachenden Werken der wissenschaftlichen Weltliteratur zählen. [32, S. 126, S. 128]

Der Erfolg des Buches war außerordentlich. *Wiener* wurde eine der bekanntesten Persönlichkeiten der internationalen Wissenschaft.

Schon kurze Zeit nach dem Kriege hatte *Wiener* seine Reisetätigkeit wieder aufgenommen. Er besuchte verschiedene Universitäten Großbritanniens, fuhr nach Paris und nahm im Jahre 1946 an einer Konferenz über harmonische Analyse in Nancy teil. Diese Veranstaltung war vorwiegend seinen Ideen zu diesem Problemkreis gewidmet. Im Jahre 1950 hielt er Vorlesungen in Paris, besuchte Spanien und Italien. Im Jahre 1953 wurde er von der indischen Regierung zu einem Besuch des Subkontinents eingeladen. Im Dezember 1953 begann die Reise. *Wiener* hatte ein sehr anstrengendes Programm und hielt Vorlesungen und Vorträge in vielen Universitätsstädten Indiens. *Wiener* sah die großen wirtschaftlichen Schwierigkeiten des Landes und stellte Überlegungen an, wie mit Hilfe der Automatisierung Not und Elend bekämpft werden könnten. Trotz der großen Strapazen der Reise arbeitete *Wiener* noch wissenschaftlich. Im Anschluß an Arbeiten zur Vorhersagetheorie behandelte *Wiener* das Problem der Zerlegung von Matrizen in Faktoren. Es gelang *Wiener,* noch in Indien die Untersuchungen erfolgreich abzuschließen. Veröffentlicht wurde die Arbeit später unter dem Titel „On the factorization of matrices" (Comment. Math. Helv. 29 (1955), 97–111). In den Jahren 1960 bis 1962 war er Gastprofessor in Neapel und kurz vor seinem Tode in Holland. Er war gern gesehener Gast auf internationalen Konferenzen. Sein Auftreten hatte immer etwas den Anstrich des Sensationellen, und man erwartete von ihm ungewöhnliche Betrachtungen. Wie erklärte sich das? Die „Kybernetik" war zwar ein großer wissenschaftlicher Erfolg, aber für den Durchschnittsleser viel zu schwierig. Die ungewöhnlichen Überlegungen der „Kybernetik" regten auch, da ihre rationalen Grenzen nicht immer erkannt wurden, zu vielen Spekulationen an. Es wurde Mode, die utopische Trivialliteratur „kybernetisch" anzureichern.

Nach der Veröffentlichung dieses ziemlich fachmathematischen Buches drängten mich einige meiner Freunde, ein ähnliches Buch für den Laien zu schreiben, in dem ich mathematische Symbolik und Ideen soweit wie möglich vermeiden und die nicht unbeträchtlichen sozialen Folgerungen meines Standpunktes betonen sollte. Das habe ich getan ... [22, S. 12]

Das Ergebnis der *Wiener*schen Überlegungen für den Laien war das Buch „The Human Use of Human Beings". Das Werk war 1949 in Mexiko vollendet worden. In der deutschen Ausgabe lautete der

Titel „Mensch und Menschmaschine Kybernetik und Gesellschaft" [22].

Das Ziel dieses Buches (ist es), die Möglichkeiten der Maschine auf Gebieten aufzuzeigen, die bis jetzt als Domäne des Menschen galten, und zu warnen vor den Gefahren einer ausgesprochen egoistischen Ausbeutung dieser Möglichkeiten in einer Welt, in der für uns Menschen die menschlichen Dinge wesentlich (sind)....
Die These dieses Buches wird in seinem ursprünglichen Titel ausgedrückt: „Die menschenwürdige Verwendung des Menschen". [22, S. 14]

Im ersten Abschnitt „Was ist Kybernetik?" erläuterte *Wiener* die Begriffe Kommunikation und Information, Nachricht und Regelung. Er behauptete richtig,

daß Gesellschaft nur durch das Studium der Nachrichten und der zugehörigen Kommunikationsmöglichkeiten verstanden werden kann ... [22, S. 20]

Da *Wiener* aber nicht auch von den objektiv wirkenden Gesetzen der Gesellschaft sprach, vermittelte er den Eindruck, daß das gesamte gesellschaftliche Geschehen informationstheoretisch begründbar sei. Diese Auffassung war schädlich und falsch (vgl. [39, S. 29 ff.]). *Wiener* verglich die Kommunikation zwischen Lebewesen, zwischen Maschinen und in der Gesellschaft. Aus den naturwissenschaftlichen Zusammenhängen zog er, und das ist für das *Wiener*sche Spätwerk typisch, Erkenntnisse über die Gesellschaftsstruktur imperialistischer Staaten. Er charakterisierte einheitlich Faschisten, erfolgreiche Geschäftsleute und Politiker als Personen, „die (die) ihnen unterstehenden Menschen (herabwürdigen) zu Effektoren für einen vorgeblich höheren Organismus". Solch eine Äußerung eines populären Wissenschaftlers war kaum im Sinne der imperialistischen Ideologie.
Hatte *Wiener* im ersten Kapitel des Buches scharfe Angriffe gegen die Informationspolitik des Imperialismus geführt, seine Unzufriedenheit mit den gegenwärtigen Zuständen ausgedrückt, so legte er im folgenden Kapitel seine pessimistische Weltauffassung dar:

Es liegt etwas sehr Wahres in dem Gedanken, daß wir Schiffbrüchige auf einem zum Untergang bestimmten Planeten sind. Aber selbst bei einem Schiffbruch müssen nicht notwendig alle Formen menschlicher Anständigkeit und alle menschlichen Werte verschwinden. Wir werden untergehen, aber laßt es uns so tun, wie es unserer Menschenwürde entspricht. [22, S. 35]

Wiener bemerkte natürlich, daß seine pessimistische Auffassung vom „Lauf der Welt“ nicht mit der allgemeinen Meinung übereinstimmte. Er warf die Fortschrittsgläubigkeit der Amerikaner und der Kommunisten zusammen. Er erkannte nicht die unterschiedlichen Positionen, aus denen die Fortschrittsgläubigkeit resultiert. Er führte grundlegende gesellschaftliche Fortschritte sogar auf zufällige Ereignisse zurück, z. B. politische Wechsel auf das Funktionieren der Schußwaffe eines Attentäters. Es liegt hier eine Verwechslung von Anlaß und Ursache vor. Im folgenden verglich *Wiener* die menschliche Gesellschaft und den „Ameisenstaat“ und behauptete: „Sprechen ist das größte Anliegen und die hervorragendste Leistung des Menschen.“ [22, S. 87]

In den folgenden Abschnitten des Buches ging *Wiener* auf die „Geschichte der Sprache“ und auf das originelle Thema „Der Mensch – eine Nachricht“ ein. Nach solchen spekulativen und historischen Erörterungen suchte *Wiener* wiederum die Verbindung von Kommunikationswissenschaft und Gesellschaft herzustellen. Er beschäftigte sich mit dem Patentrecht unter kapitalistischen Verhältnissen – ein Thema, das ihn auch in anderen Werken, so in seiner Autobiographie und in seinem noch zu besprechenden Roman, beschäftigte – und mit der Frage von „Geheimhaltung und Kommunikation“. Das letztere Problem gab ihm Anlaß zu einer scharfen Kritik imperialistischer Informationspolitik. Die Information sei „zu einer mit einem Preis versehenen Ware“ geworden. Er bemerkte, daß in der Entwicklung der Wissenschaft unter den Bedingungen der USA Gefahren liegen, daß die entwickelten Waffen

> ... gegen uns wirksamer als gegen unsere Gegner anwendbar sind ... Zu einem großen Teil ist dieser Gegner nicht Rußland, sondern unser eigenes widergespiegeltes Selbst. [22, S. 129]

In dem folgenden Kapitel wandte sich *Wiener* gegen die Verketzerung der Wissenschaft unter imperialistischen Verhältnissen. Das 10. Kapitel über die „erste und zweite industrielle Revolution“ zeigte gleichermaßen *Wieners* politisches Engagement und seine historischen Interessen. Er verurteilte die „traditionelle Vergötterung des Fortschritts“ und die „fünfte Freiheit“, die Freiheit auszubeuten. Im 11. Kapitel ging *Wiener* über die Anklage hinaus, wenn er forderte: „Wir müssen aufhören, die Peitsche zu küssen, die uns schlägt.“ [22, S. 198]

Er warnte seine Leser vor dem amerikanischen Imperialismus.

Unsere Konservativen aller Schattierungen haben sich irgendwie zusammengefunden, um den amerikanischen Kapitalismus und die fünfte Freiheit des Geschäftsmannes in der ganzen Welt auf den Thron zu heben. [22, S. 207]

Von den schüchternen Versuchen des jungen *Norbert*, gegen die Autorität des Vaters aufzubegehren, über die Angriffe auf eingebildete wissenschaftliche Größen, suchte *Wiener* im reifen Alter zu einer weitgefaßten Gesellschaftskritik zu gelangen. Es blieb, trotz großer naturwissenschaftlicher Kenntnisse und ehrlichen Bemühens, bei einer meist nur die Erscheinungen, nicht die Ursachen treffenden Kritik und beim Aufruf, die unwürdigen Zustände zu bekämpfen. *Wiener* fehlten echte gesellschaftswissenschaftliche Kenntnisse. Er verfiel oft in den Fehler, unkritisch kybernetische Begriffsinhalte auf gesellschaftliche Verhältnisse zu übertragen. Ungewollt trug *Wiener* auch durch seine kybernetisch-philosophischen Arbeiten zum Nachweis der Richtigkeit der These bei:

Die Kybernetik bestätigt den dialektischen Materialismus, die Kybernetik hat den dialektischen Materialismus zur Grundlage, die Kybernetik benötigt den dialektischen Materialismus ... [40, S. 97]

Aus den bereits angeführten Gründen verstand *Wiener* auch nicht die Politik der Sowjetunion.
Er sah ihre Politik mit den Augen des amerikanischen Intellektuellen, verstand also auch nicht einzelne Linien ihrer Politik. Er bewunderte den „Versuch", den arbeitenden Menschen die Macht ausüben zu lassen, verdächtigte sie aber wie die Vereinigten Staaten der „Starrheit". Im Jahre 1960 besuchte Wiener die Sowjetunion. Er stellte ein großes Interesse für die Kybernetik fest und konnte seine Meinung zu den philosophischen Problemen der Kybernetik in einem Interview darlegen. [15]
„Mensch und Menschmaschine" war ein bedeutendes Werk *Wieners*. Eine Reihe der dort aufgegriffenen Themen hat er auch noch später dargestellt, z. B. in „Gott und Golem" [19] und in einem Roman „The Tempter" [18]. Der Roman erzählte die Lebensgeschichte des *Gregory James*, des Leiters eines großen Firmenkomplexes. Am Beispiel der „großen Erfindung", der „Auffassung der Steuerung als eine Art Gespräch zwischen dem Menschen und der Maschine", wird gezeigt, wie der Erfinder durch übelste kapitalistische Geschäftsprak-

ACTUALITÉS SCIENTIFIQUES ET INDUSTRIELLES

1053

CYBERNETICS

OR

CONTROL AND COMMUNICATION
IN THE ANIMAL AND THE MACHINE

BY

NORBERT WIENER

Professor of Mathematics at the Massachusetts Institute of Technology
Guest Investigator at the Instituto Nacional de Cardiologia de México.

PARIS
HERMANN & CIE, EDITEURS
6, Rue de la Sorbonne, 6

THE TECHNOLOGY PRESS
Cambridge, Mass.

JOHN WILEY & Sons Inc.
440 Fourth Av., New York

1948

Abb. 6. Titelblatt der 1. Auflage der „Cybernetics ...“

tiken um den Lohn seiner Entdeckung gebracht wird. Die Erfindung wird einem Strohmann namens *Dominguez* zugespielt, und dieser *Dominguez* ist von dem Konzern finanziell abhängig. Der eigentliche Erfinder, *Woodbury*, geht leer aus. Gegenüber *N. Levinson* hat *Wiener* später bekannt, welche Personen als Vorlage für den Roman gedient haben. Die Gestalt des *Woodbury* war dem berühmten englischen Elektroingenieur *Oliver Heaviside* nachgebildet, für den *Dominguez* hatte *Wiener* den amerikanischen Physiker *Michail Idvorsky Pupin* als Vorlage. Zwischen *Heaviside* und *Pupin* hatte es einen Prioritätsstreit um die Erfindung der Pupinspule gegeben. *Heaviside* war der eigentliche Erfinder, aber *Pupin* eignete sich diese Erfindung an. Leider war der Roman *Wieners* literarisch nicht gut. In einem Interview gab *Stanislaw Lem* ein zutreffendes Urteil über den Roman ab:

Wiener war ein großer Gelehrter, der sich auch als Schriftsteller betätigte. Ihre Frage (über die Qualität des Romans) möchte ich mit der Geschichte jener beiden Männer beantworten, die im Zirkus einem Artisten zuschauen, der mit dem Kopf nach unten an einem Bein hängend in der Kuppel schwebt und Geige spielt. Da meint der eine zum anderen: „*Rachmaninows* Violinkonzert hab' ich schon besser gehört." [33, S. 16]

Die in seinen philosophischen Werken von *Wiener* vertretene Weltanschauung kann als realistische, in ihrer Grundlage rationale, Weltanschauung bezeichnet werden.

... sie ist nicht nur eine allgemeine materialistische Weltauffassung, sondern schließt auch ... eine bestimmte Lösung von Problemen der Erkenntnistheorie, der Methodologie und der Logik der Erkenntnis ein. [34, S. 1315]

Eine solche Weltauffassung erhebt sich zwar über den Mechanizismus, ist dem Idealismus prinzipiell entgegengesetzt, berücksichtigt aber den dialektischen Materialismus nicht.

Die philosophischen Arbeiten *Wieners* hatten für ihn beinahe tragische Auswirkungen. Da die darin vertretenen Auffassungen durchaus nicht mit der offiziellen amerikanischen Weltanschauung übereinstimmten, vereinsamte er in seinen letzten Lebensjahren. Er verlor mehr und mehr den Kontakt zu den jungen amerikanischen Mathematikern seiner Zeit. Trotz dieser Isolierung erhielt er verschiedene hohe amerikanische Auszeichnungen. Noch kurze Zeit vor seinem Tode wurde ihm die National Medal of Science, die höchste wissenschaftliche Auszeichnung der USA, verliehen.

Wieners Einfluß auf die Entwicklung des M.I.T. war außerordentlich. Er nahm Einfluß nicht nur auf die mathematische Abteilung, sondern auch auf das Ingenieurwesen, die Sozialwissenschaften und sogar auf die humanistische Bildung. *Wiener* arbeitete 45 Jahre am

M.I.T. und hatte entscheidenden Anteil, daß sich das M.I.T. in dieser Zeit von einer Ingenieurschule zu einer modernen technischen Hochschule gewandelt hat. Seine intellektuelle Virtuosität, Ungewöhnlichkeit und Integrität trugen wesentlich zu diesem Übergang bei. Im Jahre 1956 hatte die Hochschule rund 5000 Studenten, und auch die Mathematik war hervorragend vertreten.

Zu Beginn des Jahres 1964 begann *Wiener* eine Vortragsreise in Europa. Kurze Zeit war er als Gastprofessor in den Niederlanden tätig und reiste dann nach Skandinavien. In Stockholm erlag *Wiener* am 18. März 1964 einem Herzschlag.

In seinem Nachruf in der New York Review schrieb der Wissenschaftstheoretiker *S. Toulmin* über die Persönlichkeit *Wieners*:

> Er war der eigenartigste Amerikaner in meiner Erfahrung, und ich kann ihn nur mit dem verstorbenen *Sir Thomas Beecham* (berühmter englischer Dirigent, d. V.) vergleichen. Die Ähnlichkeiten zwischen den beiden Männern waren nicht zufällig. Sicherlich: sie hatten eine gewisse physische Ähnlichkeit. Beide waren klein, kurzsichtig, rundlich. ... Damit einher ging eine Behäbigkeit des Ausdrucks in der öffentlichen Konversation, – ich könnte fast sagen Monolog –, die sehr gewunden und prunkvoll war, und (außerdem) eine anmaßende Voreingenommenheit und Selbsteinschätzung, so ausgeprägt, daß es ein Genuß war, sie zu beobachten. [3, S. 31]

Wiener gehörte zu den großen Persönlichkeiten der Wissenschaft unseres Jahrhunderts. Sein Werk wird immer zum wertvollen Bestand der wissenschaftlichen Weltliteratur zählen. Seine intellektuelle Redlichkeit verdient noch heute unsere Hochachtung.

CHRONOLOGIE

1894	26. 11. *Norbert Wiener* wurde in Columbia (Missouri) geboren.
1909	Abschlußexamen am Tufts College.
1912	Promotion an der Harvard Universität.
1915	Privatdozent an der Harvard Universität.
1918–1919	Militärdienst.
1920	Instructor am M.I.T.
1924	Assistant Professor am M.I.T.
1926	Heirat mit *Margaret Engemann*, „The Operational Calculus“ erschienen.
1929	Associate Professor am M.I.T.
1930	„Generalized Harmonic Analysis“ erschienen.
1932	Professor am M.I.T.
1934	„Fourier transforms in complex domain“ erschienen, Bôcher-Preis.
1934–1935	Gastprofessor in Peking.
1940	Beginn der Arbeiten an der Vorhersage- und Filtertheorie.
1948	„Cybernetics . . .“ erschienen.
1949	„Mensch und Menschmaschine“ abgeschlossen.
1964	18. 3. *Wiener* stirbt in Stockholm.

LITERATUR

[1] *Wiener, N.*: Mathematik mein Leben. Düsseldorf-Wien 1962.

[2] *Grattan-Guiness, I.*: Wiener on the logics of Russell and Schröder. An account of his doctoral thesis, and of his discussion of it with Russell. In: Annals of science. Vol. 32, 1975. Nr. 2, S. 103–132.

[3] *Levinson, N.*: Wiener's Life. In: Bulletin of the American Mathematical Society. Vol. 72. No. 1, Part II (1966), S. 1–32.

[3a] *Kahane, J.-P.*: Norbert Wiener et l' Analyse de Fourier. In: Ebenda, S. 42–47.

[3b] *Brelot, M.*: Norbert Wiener and Potential Theory. In: Ebenda, S. 39–41.

[3c] *Mandelbrojt, S.*: Les Tauberiens Generaux de Norbert Wiener. In: Ebenda, S. 48–51.

[4] *Wiener, N.*: Kybernetik ... Düsseldorf-Wien 1963.

[5] *Rayleigh*: Über den Charakter der vollständigen Strahlung bei gegebener Temperatur. In: Die Schöpfer der physikalischen Optik. WTB, Bd. 195. Berlin 1977, S. 319–332.

[6] *Benedetto, J. J.*: Spectral Synthesis. Stuttgart 1975.

[7] *Hewitt, E., Ross, K. A.*: Abstract Harmonic Analysis, 2 Vols. Berlin-Heidelberg-New York 1970.

[8] *Wiener, N.*: R.E.A.C. Paley – in memoriam. In: Bulletin of the American Math. Society. Vol. 29 (1933), 476.

[9] *Reid, C.*: Courant in Göttingen and New York The Story of an Improbable Mathematician. New York-Heidelberg-Berlin 1976.

[10] *Müller, P. H.* (Hg.): Lexikon der Stochastik. Berlin 1975.

[11] *Hopf, E.*: Ergodentheorie. Berlin 1937.

[12] International Congress of Mathematicians. Cambridge/Mass., USA, 1950, Conference in Applied Mathematics, S. 308–321.

[13] *Wiener, N.*: Extrapolation, interpolation, and smoothing of stationary time series. With engineering applications. Cambridge, Mass., New York, London 1949.

[14] *Wiener, N.*: New Concept of Communication engineering. In: Electronics 22 (1949), 74—77.

[15] Sowjetwissenschaft, Naturwissenschaftliche Beiträge, 1961, S. 237 bis 242.

[16] *Ducroq, A.*: Die Entdeckung der Kybernetik. Frankfurt (Main) 1955.

[17] *Batoreev, K. B.*: Norbert Wiener und die Kybernetik. In: wissenschaft und fortschritt 27 (1977), 2, S. 87–89.

[18] *Wiener, N.*: Die Versuchung. Geschichte einer großen Erfindung. Düsseldorf-Wien 1960.

[19] *Wiener, N.*: Gott und Golem Inc. Düsseldorf-Wien 1965.

[20] *Liebscher, H.*: Zur Rolle Norbert Wieners bei der Herausbildung der Kybernetik. In: Deut. Z. f. Phil. 6 (1964), 661—667.

[21] *Zypkin, J. S.*: Grundlagen der Theorie lernender Systeme. Berlin 1972.

[22] *Wiener, N.*: Mensch und Menschmaschine Kybernetik und Gesellschaft. Frankfurt am Main-Bonn 1966.
[23] *Plato*: Der Staat. Berlin und Stuttgart 1855–1914.
[24] *Povarov, G. N.*: Amper i kibernetika. Moskva 1977.
[25] *Mayr, O.*: Zur Frühgeschichte der technischen Regelungen. München-Wien 1969.
[26] *Röhrentrop, K.*: Entwicklung der modernen Regelungstechnik. München-Wien 1971.
[27] *Maxwell, J. C.*: On Governors. In: The Scientific Papers of James Clerk Maxwell. Ed. by *W. D. Niven*. Cambridge 1890, S. 105–120.
[28] *Rosenblueth, A., Wiener N., Bigelow, J.*: Verhalten, Zweck und Teleologie. Beiheft zu Band 8 der Grundlagenstudien aus Kybernetik und Geisteswissenschaft. Quickborn 1967.
[29] *Descartes, R.*: Die Erforschung der Wahrheit durch das natürliche Licht. In: Philosophische Bibliothek, Band 26a. Leipzig 1906, S. 113–146.
[30] *De la Mettrie, J. O.*: Der Mensch eine Maschine. Philosophische Bibliothek, Band 68. Leipzig 1909.
[31] *Hoffmann, E. T. A.*: Die Automate. In: E. T. A. Hoffmanns sämtliche Werke, Siebenter Band, Leipzig o. J., S. 74—101.
[32] *Liebscher, H.*: Rezension von *Norbert Wiener*: Kybernetik ... In: Deutsche Zeitschrift für Philosophie 1 (1965), S. 123–128.
[33] Wochenpost 6/1978, S. 16–17.
[34] *Batorojew, K. B.*: Norbert Wiener und die Kybernetik. In: Sowjetwissenschaft Gesellschaftswissenschaftliche Beiträge 1974, S. 1311–1315.
[35] *Klaus, G.* und *H. Liebscher*: Norbert Wiener – Mensch und Werk. In: Urania 12 (1964), S. 1009–1013.
[36] *Engels, F.*: Brief an Friedrich Adolph Sorge vom 31. 12. 1892. In: *Karl Marx/Friedrich Engels*: Werke, Bd. 38. Berlin 1968, S. 560 bis 565.
[37] Meyers Großes Konversationslexikon. 6. Aufl. Leipzig—Wien 1905.
[38] *Freudenthal, H.*: Norbert Wiener. In: Dictionary of Scientific Biography. Ed. *C. C. Gillispie*. Vol. XIV. New York 1976. S. 344–347.
[39] *Klaus, G.*: Kybernetik und Gesellschaft. Berlin 1964.
[40] *Klaus, G.*: Kybernetik in philosophischer Sicht. Berlin 1961.
[41] *Wiener, N.*: Collected works. Cambridge (Mass.), seit 1976.
[42] *Wiener, N.*: Selected Papers. Cambridge (Mass.) 1964.
[43] *Struik, D. J.*: Norbert Wiener — Colleague and Friend. In: American Dialog 3, No. 1, 1966, S. 34—37.

PERSONENREGISTER

Anläßlich des 200. Todestages von *Leonhard Euler* erschien in der Reihe:

Ostwalds Klassiker der exakten Wissenschaften

Band *261*

Zur Theorie komplexer Funktionen

Arbeiten von Leonhard Euler
eingeleitet und mit Anmerkungen versehen
von A. P. Juschkewitsch

Ins Deutsche übertragen von
W. Purkert, H. Maser, H. Müller und R. Thiele, O. Neumann, A. Wangerin und E. Schumann

263 Seiten mit 6 Abbildungen und 1 Porträt des Verfassers.
Kartoniert 34,— M
Bestell-Nr. 669 667 2 Bestellwort: Euler, Funktionen

Inhalt:

AKADEMISCHE VERLAGSGESELLSCHAFT
GEEST & PORTIG K.-G., LEIPZIG

Biographien
hervorragender Naturwissenschaftler, Techniker und Mediziner
Band 56

Leonhard Euler

Von Dr. *Rüdiger Thiele,* Halle (Saale)

192 Seiten mit 33 Abbildungen. Kartoniert 9,60 M.

Bestell-Nr. 666 045 0 Bestellwort: Thiele. Euler

Leonhard Euler (1707–1783) ist nicht nur einer der größten Mathematiker, sondern gleichfalls einer der schöpferischsten Menschen überhaupt gewesen. Die Biographie beschreibt detailliert seine Lebensumstände sowie sein Wirken in Berlin und Petersburg und zeigt – sowohl in die damaligen Probleme als auch in das heutige Wissen eingebettet – bahnbrechende Erkenntnisse Eulers auf. Da sich in Euler das wissenschaftliche Bewußtsein seiner Zeit am besten verkörpert, entsteht vor dem Leser zwangsläufig ein faszinierendes Bild jenes an geistigen Auseinandersetzungen so reichen 18. Jahrhunderts, auf dem unsere moderne Welt fußt.

LEIPZIG

BSB B. G. TEUBNER VERLAGSGESELLSCHAFT

Lieferbar in dieser Reihe:

Band	Autor und Titel	Preis	Bestell-Nr.
30	Rodnyj/Solowjew: W. Ostwald	18,50	665 774 5
31	Kaiser: J. A. Segner	4,50	665 840 6
33	Münchow: A. v. Graefe	4,60	665 880 1
34	Halameisär/Seibt: N. I. Lobatschewski	4,60	665 870 5
35	Jahn/Senglaub: C. v. Linné	6,20	665 876 4
36	Tutzke: A. Grotjahn	4,60	665 882 8
37	Kästner: J. Gutenberg	3,50	665 866 8
38	Voigt/Sucker: J. W. v. Goethe	5,30	665 853 7
41	Kaiser/Mocek: J. Chr. Reil	5,10	665 926 5
42	Herneck: M. v. Laue	4,90	665 920 6
43	Kosmodemjanski: K. E. Ziolkowski	10,50	665 930 2
44	Jaworski: L. Hirszfeld	4,80	665 995 1
46	Körber: A. Wegener	4,80	665 991 9
47	Biermann: A. v. Humboldt	6,80	666 006 3
48	Zirnstein: Ch. Lyell	6,80	665 992 7
49	Goetz: G. Chr. Lichtenberg	6,80	665 986 3
50	Tobies: F. Klein	6,80	666 026 6
51	Richter-Meinhold: H. Bessemer und S. G. Thomas	4,80	666 039 7
52	Kirchberg/Wächtler: C. Benz, G. Daimler und W. Maybach	6,80	666 042 6
53	Sittauer: J. Watt	6,80	666 038 9
54	Ruff: E. du Bois-Reymond	6,80	666 037 0
55	Krüger: W. I. Wernadskij	6,80	666 033 8
56	Thiele: L. Euler	9,60	666 045 0
57	Herrmann: K. F. Zöllner	4,80	666 036 4
58	Cassebaum: C. W. Scheele	6,80	665 090 0
59	Sittauer: F. G. Keller	6,80	666 092 8
60	Jürß/Ehlers: Aristoteles	6,80	666 057 3
61	Engewald: G. Agricola	6,80	666 113 8
62	Dunsch: H. Davy	4,80	666 111 1
63	Kant: A. Nobel	6,80	666 152 5
64	Stolz: O. Hahn und L. Meitner	4,80	666 142 9
65	Ullmann: E. F. F. Chladni	4,80	666 143 7

GPSR Compliance

The European Union's (EU) General Product Safety Regulation (GPSR) is a set of rules that requires consumer products to be safe and our obligations to ensure this.

If you have any concerns about our products, you can contact us on ProductSafety@springernature.com

In case Publisher is established outside the EU, the EU authorized representative is:

Springer Nature Customer Service Center GmbH
Europaplatz 3
69115 Heidelberg, Germany

Batch number: 10577915

Printed by Printforce, the Netherlands